宝宝帽子围巾手套鞋子

套装全集

Baobao Maozi
Weijin Shoutao Xiezi
Taozhuang Quanji

李玉栋 主编

辽宁科学技术出版社

· 沈阳 ·

目录

C O N T E N T S

第 **1** 篇
基础篇

001
图解详见 p073~074

帽子的织法

1. 先用 7 号棒针起 56 针一正一反圈起来织。

2. 织大约 10 厘米左右为帽沿（挽沿）。

3. 帽沿织好后，织正针，换 6 号针同时在一圈内加 6 针，从 56 针加到 62 针织正针，不加不减继续织。

4. 为了使帽子美观采用多色线织，一直织到帽子 27cm 左右，开始减针。

5. 减到 10 针左右就收口。

6. 装点上小球球，帽子完成。

手套的织法

1. 起一针正一针反一共 26 针圈起来织。

2. 26 针不加不减继续织。

3. 织 10cm 左右，就换线织。

4. 织 6 行，留大拇指（留 4 针不织穿在另一根针上，同时再加上 4 针，形成小洞）。继续织。

5. 织到需要的尺寸开始收口。

6. 把留的 4 针和加的 4 针再加上 3 针一共 11 针圈起来织，织上 12 行左右收口。为了更加保暖，可以加上内里。

7. 装点上黄色和绿色小球，手套完成。

围巾的织法

1. 起 2 针正 2 针反一共 26 针织 10cm 左右，开始织 1 针正 1 针反。
2. 每织 4 行换 1 次毛线颜色。
3. 围巾的中间是纯色的，围巾的两端是多色线。
4. 大约织 1.4m 左右。
5. 装点上黄色和绿色小球，围巾完成。

1 | 2

3 | 4

002
图解详见 p074~076

1 2 3

1. 用 2.0mm 的钩针起 22 针锁针辫子, 在辫子上钩 22 针长针。
2. 在最后 1 针锁针上再钩 11 针长针的松叶针。
3. 在 22 针的辫子的对面再钩 22 针长针。

4 5 6

4. 第 2 圈长针时, 在上 1 圈的 11 针松叶针上钩 21 针长针。
5. 第 3 圈长针时, 在第 2 圈的 21 针长针上钩 31 针长针。
6. 第 4 圈长针时, 第 3 圈的 31 针长针上钩 41 针长针, 第 4 圈总共是 85 针长针, 按图解在 85 针长针上钩 14 个花样。

7 8 9

7. 钩好 7 层花样的效果。
8. 最后再钩一行松叶针断线。
9. 换白色线钩一行狗牙边。

10. 不断线用白色线在帽子的后边钩一行长针和短针的间隔，再折回钩一行短针。

11. 用蓝色线钩 1 条 40cm 长的带子穿过帽子后边沿。

12. 按图解用白色线钩 1 个小花朵缝合固定到帽子一侧完工。

手套的织法

1. 钩 40 针的辫子，在辫子圈上钩 40 针长针。

2. 钩 5 圈后，第 6 圈留 12 针作为拇指，在手背的两侧各加 2 针，共是 32 针。

3. 32 针圈钩 5 圈后按图解在两侧减针。

4. 减至最后 12 针时，分 6 针 2 次并收。

5. 最后 2 针并收拉紧断线。

6. 挑起 12 针，并在两边各加 1 针，共 14 针钩拇指，钩 4 圈后收针拉紧断线。

7   *8*   *9*

7. 用白色线挑手腕的 40 针按图解钩手套花边，同样的方法钩另一只手套。

8. 用白色线钩 2 个小花朵缝合固定在手套的手背上。

9. 钩 1 条 100cm 长的带子，把 2 只手套连接起来。

围巾的织法

1   *2*   *3*

1. 钩 321 针辫子，在辫子上钩长针。

2. 在长针上钩 4 针锁针、1 针短针的网格，在第 1 个网格上钩 3 针长针的珠针。

3. 钩 3 针锁针、2 针长针的珠针。

4   *5*   *6*

4. 第 2 个网格上钩第 2 个珠针。

5. 钩 3 针锁针、1 个珠针的重复。

6. 围巾主体完成。换白色线在围巾的两头按图解钩花样完工。

第❷篇
帽子篇

003
图解详见 p076

004
图解详见 p077

005
图解详见 p077~078

WELCOME

006
图解详见 p078~079

007
图解详见 p079

009
图解详见 p081

010
图解详见 p081~082

011
图解详见 p082~083

012
图解详见 p083~084

013
图解详见 p084~085

014
图解详见 p085

015
图解详见 p086~087

016
图解详见 p087~088

017

图解详见 p088~089

018
图解详见 p089~090

019
图解详见 p090

020
图解详见 p091

021
图解详见 p092

022
图解详见 p093

023
图解详见 p093~094

024
图解详见 p094~095

025
图解详见 p095~096

027
图解详见 p097

028
图解详见 p098

030
图解详见 p099~100

031
图解详见 p100~101

032
图解详见 p101~102

033
图解详见 p102

第3篇

围巾篇

035
图解详见 p103~104

036
图解详见 p104

037
图解详见 p105

038
图解详见 p105

039
图解详见 p106

040
图解详见 p106

041
图解详见 p107

第4篇
手套篇

042
图解详见 p107~108

043
图解详见 p108~109

044
图解详见 p109

045
图解详见 p110

046
图解详见 p111

047
图解详见 p111~112

048
图解详见 p112~113

049
图解详见 p113

050
图解详见 p114

051
图解详见 p115

052
图解详见 p116

053
图解详见 p117

054
图解详见 p117~118

055
图解详见 p118~119

056
图解详见 p119

057
图解详见 p120

058
图解详见 p120~121

059
图解详见 p121

060
图解详见 p122

061
图解详见 p122~123

062
图解详见 p123

063
图解详见 p124

064
图解详见 p124~125

065
图解详见 p125~126

066
图解详见 p126

067
图解详见 p127

068
图解详见 p127~128

069
图解详见 p128

070
图解详见 p129

071
图解详见 p129~130

072
图解详见 p130

073
图解详见 p131

074
图解详见 p132

075

图解详见 p132~133

076
图解详见 p133

077
图解详见 p134

078
图解详见 p135

079
图解详见 p136

080
图解详见 p137

081
图解详见 p138

082
图解详见 p138~139

083 图解详见 p139~140

084 图解详见 p140

085
图解详见 p141

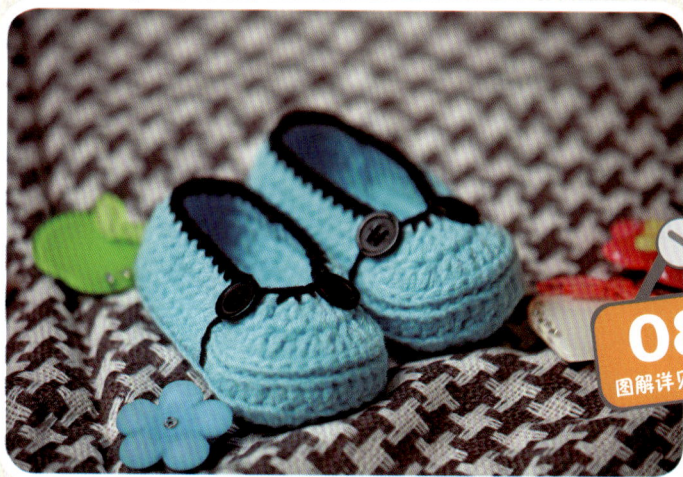

086
图解详见 p141~142

087
图解详见 p142

088
图解详见 p143

089
图解详见 p143~144

090
图解详见 p144

第6篇
套装篇

091
图解详见 p145

093
图解详见 p147

094
图解详见 p148

095
图解详见 p149

096
图解详见 p150

097
图解详见 p151

098
图解详见 p152~153

099
图解详见 p153-154

100
图解详见 p154~155

101
图解详见 p156

102
图解详见 p157~158

103
图解详见 p158~159

第7篇

编织图解

【001】

【成品尺寸】帽围 30cm 帽高 23cm 围巾长 133cm
帽围 11cm 手套长 20cm 宽 10cm

【工　　具】7 号棒针

【材　　料】红色羊毛线 150g 黄色羊毛线 5g

【密　　度】10cm² = 20 针 × 28 行

全下针

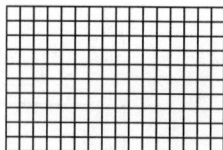

【制作过程】

1. 帽子：(1) 从帽檐起织，起 60 针，先圈织 8cm 单罗纹后，改织全下针并配色。

(2) 织至 15cm 时，最后一行织完后，用线把所有针数抽紧，形成帽子。帽子编织完成。

2. 围巾：编织 1 个长方形的织片。按编织方向，用下针起针法起 22 针，先织 7cm 双罗纹后，改织 119cm 单罗纹，再改织 7cm 双罗纹，并配色，收针断线，围巾编织完成。

3. 手套：右手 (1) 从手套口起织，起 32 针，圈织 8cm 单罗纹后，改织全下针，手背织花样，并配色，并在两侧各加 2 针，共 36 针。

(2) 织 3cm 时，开始分拇指针数，留 8 针用线穿起来，余下针数平加 4 针后，继续编织手掌部，织 6cm 后，在两侧减针，方法是：每 2 行减 2 针减 4 次，共减 16 针，余下 20 针，全部收针。

(3) 开始编织拇指，原来穿起的 8 针，再加 4 针，共 12 针，圈织 4cm 全下针，全部针数用线抽紧，手套编织完成。同样方法对称编织左手。

4. 用相应的颜色线，用双线绕 70 圈，用线在中间绕紧，剪成球状，做成直径 6cm 的绒球，共做 1 个，缝到帽子上。直径 4cm 的绒球做 8 个，缝到手套和围巾上。套件编织完成。

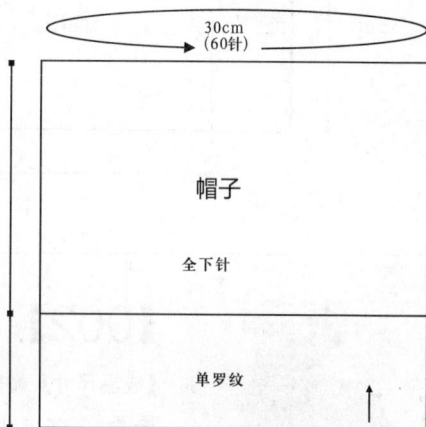

30cm
(60针)

15cm
(42行)

帽子

全下针

8cm
(22行)

单罗纹

双罗纹

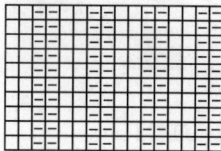

单罗纹

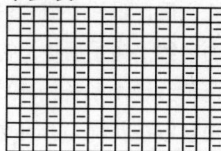

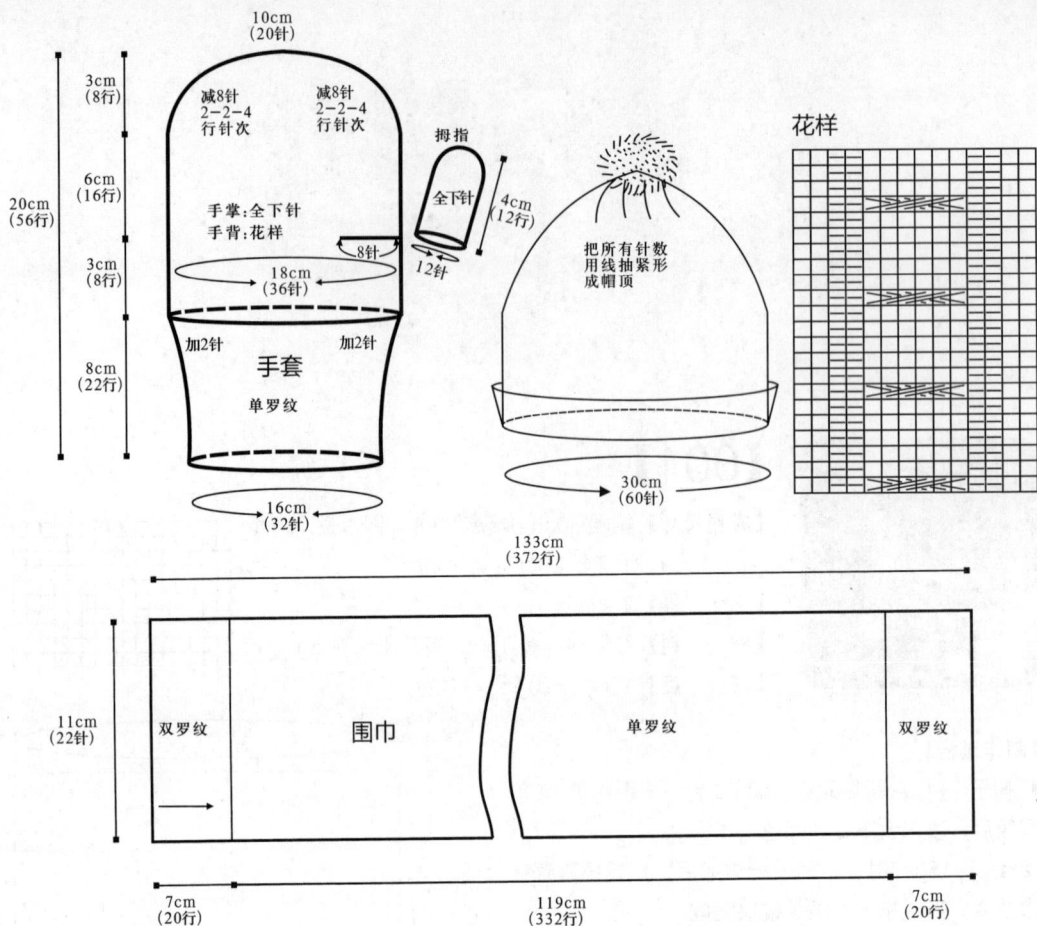

手套

10cm
(20针)

3cm
(8行)

减8针
2-2-4
行针次

减8针
2-2-4
行针次

拇指

全下针

4cm
(12行)

花样

6cm
(16行)

20cm
(56行)

手掌：全下针
手背：花样

8针

12针

3cm
(8行)

18cm
(36针)

8cm
(22行)

加2针

加2针

手套

单罗纹

16cm
(32针)

把所有针数
用线抽紧形
成帽顶

30cm
(60针)

133cm
(372行)

11cm
(22针)

双罗纹

围巾

单罗纹

双罗纹

7cm
(20行)

119cm
(332行)

7cm
(20行)

【002】

【成品尺寸】 帽围 30cm 帽高 18cm 围巾长 153cm 帽围 10cm
手套长 14cm 宽 9cm

【工　　具】 2mm 钩针

【材　　料】 蓝色中细棉线 400g 白色中细棉线 50g

【密　　度】 $10cm^2$＝22.5 针 × 11.1 行

【制作过程】

帽子：1.钩针钩织主体，从帽顶往下钩织，蓝色线起 22 针辫子针，返回钩长针，按花样图解往返钩织 4 行后，织片变成 85 针，开始钩花样，钩 7 行后，钩 1 行扇形花，最后用白色线钩 1 行狗牙针。

2.白色线沿帽子后边沿钩 1 行长针与锁针的间隔，最后钩 1 行短针。

3.蓝色线钩 1 条长约 40cm 的绳子，穿入帽子后边沿。

4.白色线按花样 D 所示钩织 1 条花边，共 14 组花样，绕成饰花，缝合于帽子左侧。

手套：1. 钩针钩织主体，从手腕往上钩织，蓝色线起 40 针辫子针，环绕钩长针，钩 5 行后留起 12 针作为拇指，余下 28 针分为前后两部分钩织手掌。

2. 第 6 行在手掌及手背两侧各加 2 针，共 32 针环形钩织，钩 5 行后在手掌及手背两侧减针，钩至 15 行，将针数全部收紧断线。

3. 蓝色线钩织拇指，手掌侧加 2 针，共 14 针钩长针，钩 4 行，将针数全部收紧，断线。

4. 白色线沿手腕边沿钩织花边，第 1、2 圈钩 40 针长针，第 3 圈钩 80 针长针，最后钩 1 圈狗牙针。

5. 相反的方向编织另一只手套。蓝色线钩 1 条长约 100cm 的绳子，穿入手套花边，连接 2 只手套。

6. 白色线按花样 D 所示钩织 2 条花边，共 14 组花样，绕成饰花，缝合于手套背部。

围巾：1. 钩针钩织主体，蓝色线起 321 针辫子针，按花样 A 图解往返钩织，共钩 12 行。

2. 在围巾两端用白色线分别钩织花样 B，起 28 针，钩 4 行长针后，钩 1 行狗牙针。

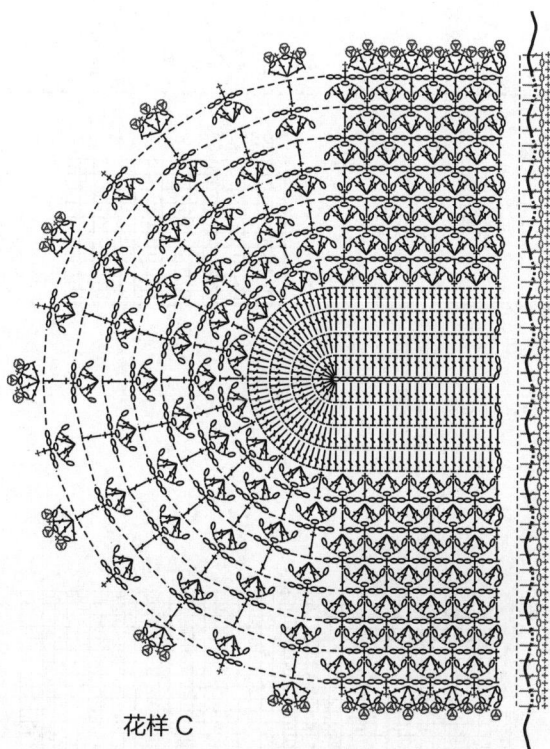

花样 C

帽子结构图

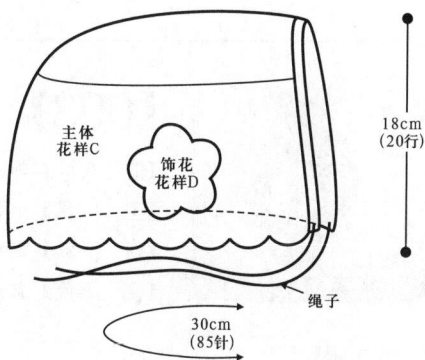

主体
花样C

饰花
花样D

绳子

18cm
(20行)

30cm
(85针)

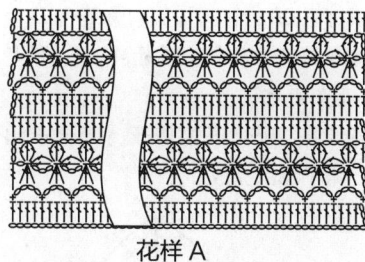

花样 A

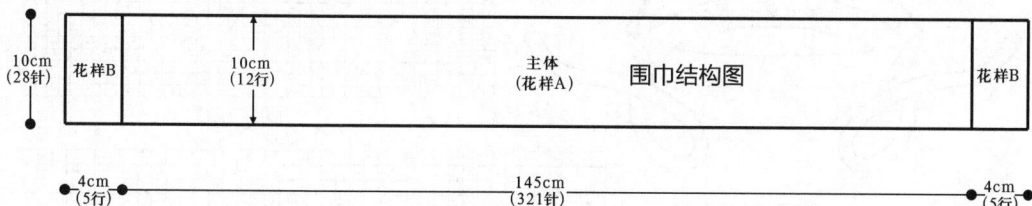

围巾结构图

花样B

10cm
(28针)

10cm
(12行)

主体
(花样A)

花样B

4cm
(5行)

145cm
(321针)

4cm
(5行)

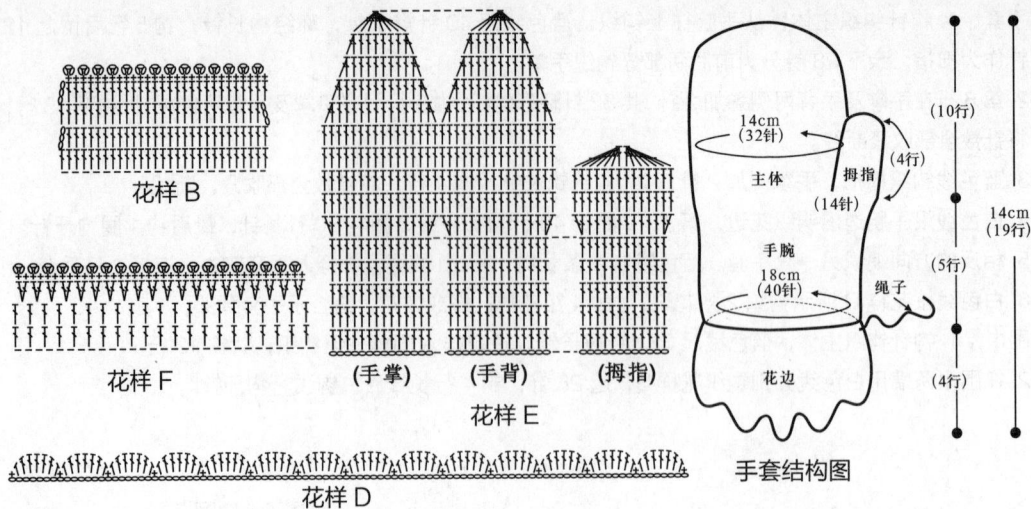

花样 B

花样 F

（手掌）　（手背）　（拇指）

花样 E

花样 D

手套结构图

14cm（32针）

主体

拇指（4行）

（14针）

手腕

18cm（40针）

绳子

花边

（10行）

14cm（19行）

（5行）

（4行）

【003】

【成品尺寸】帽高 14cm　帽围 44cm

【工　　具】3mm 钩针

【材　　料】黄色中粗棉线 90g

【密　　度】$10cm^2$=27.5 针 × 14 行

单罗纹

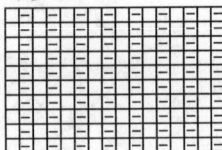

【制作过程】

1. 起 41 针，织 2 针全下针 1 针全上针，间隔编织，不加减针织 28 行，将顶部对称缝合。

2. 在帽子缝合后的侧边挑起 41 针，织单罗纹，织 4 行后收针断线。

3. 编织 2 条 25cm 长的辫子，缝合于帽子后沿的两侧。帽子编织完成。

全上针

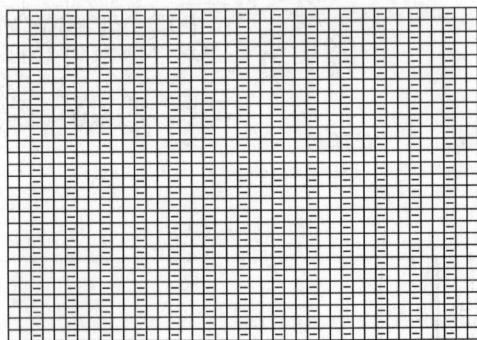

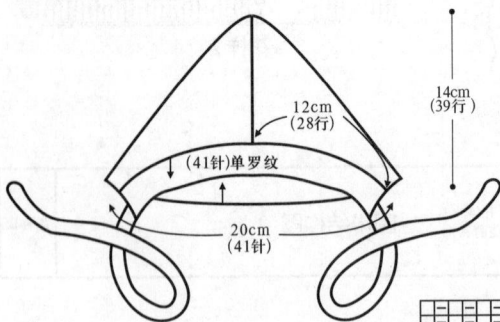

12cm（28行）

（41针）单罗纹

14cm（39行）

20cm（41针）

帽子结构图

帽子花样

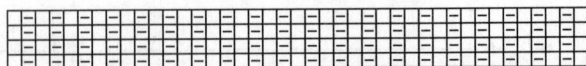

后沿花样

【004】

【成品尺寸】 帽围 28cm 高 18cm

【工　　具】 1.25mm 钩针

【材　　料】 蓝色棉线 100g 橙色棉线 10g

【密　　度】 10cm² = 25.7 针 × 7.7 行

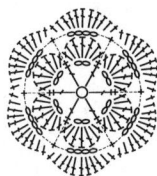

饰花花样

【制作过程】

1. 从帽顶起钩，钩长针，第 1 层钩 12 针，第 2 层每 1 针钩出 2 针，共 24 针，第 3 层每间隔 1 针加钩 1 针锁针，共 36 针，第 4 层每间隔 2 针加钩 1 针锁针，共 48 针，第 5 层钩 1 束中分 4 针长针，第 6 层起开始钩织帽围。先钩 1 束中分 4 针长针，再钩 1 针锁针，第 7 层先钩 1 束中分 4 针长针，再钩 2 针锁针，钩成 13 层，第 14 层钩 1 圈短针，收针断线。

2. 饰花：橙色线钩织一朵饰花，缝合于帽侧。

帽子花样

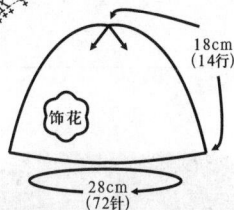

帽子结构图

【005】

【成品尺寸】 帽围 30cm 高 15cm

【工　　具】 1.25mm 钩针

【材　　料】 蓝色棉线 110g 白色棉线 30g 红色、黑色棉线各 5g

【密　　度】 10cm² = 32 针 × 9 行

【制作过程】

1. 从帽顶起钩，钩长针，第 1 层钩 12 针，第 2 层每 1 针钩出 2 针，共 24 针，第 3 层每间隔 1 针加钩 1 针锁针，共 36 针，第 4 层每间隔 2 针加钩 1 针锁针，共 48 针，如此重复钩织，第 8 层起开始钩织帽围，帽围绕钩长针，不加减针，共钩 9 圈，收针断线。

2. 耳朵：白色线起，围绕钩长针，第 1 层钩 16 针，第 2 层 32 针，缝合于帽子顶部。

3. 饰花面部：白色线起钩，钩短针，第 1 层钩 8 针，第 2 层钩 12 针，第 3 层钩 18 针，第 4、5 层钩 24 针，第 6、7、8 层钩 36 针，第 9、10、11、12 层钩 48 针，完成后缝合于帽前侧。红色黑色线分别钩织眼睛和嘴巴，缝合于相应位置。

4. 绑系 2 个绒球，缝合于帽子两侧。

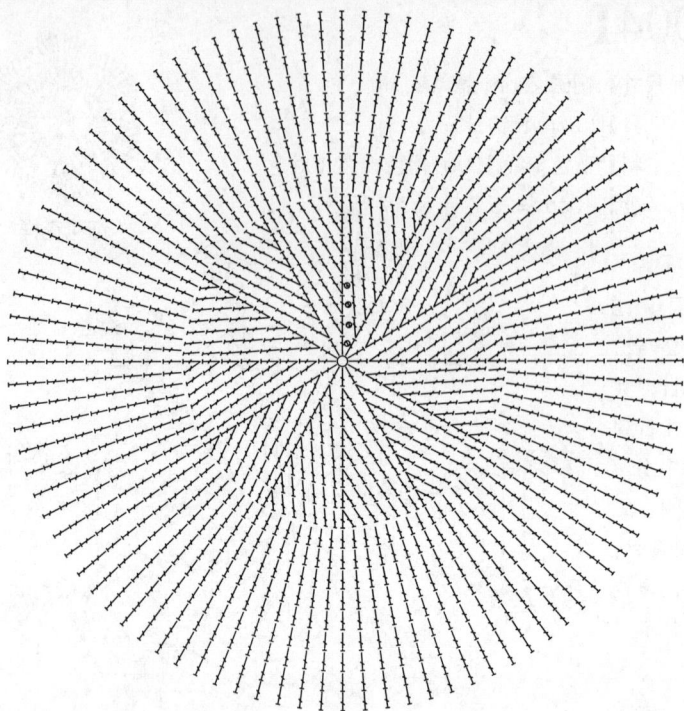

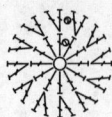

饰花耳朵花样

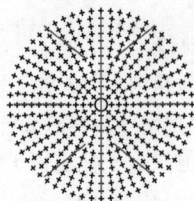

饰花面部花样

帽子花样

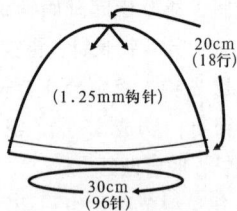

20cm
(18行)

(1.25mm钩针)

30cm
(96针)

帽子结构图

【006】

【成品尺寸】 帽围 30cm 帽高 20cm

【工　　具】 1.25mm 钩针

【材　　料】 红色棉线 120g 白色、黑色、浅蓝色棉线各 10g

【密　　度】 10cm² =24 针 ×7.5 行

【制作过程】

1. 帽子：红色线从帽顶起钩，钩长针，第1层钩12针，第2层每1针钩出2针，共24针，第3层每间隔1针加钩1针，共36针，第4层每间隔2针加钩1针，共48针，如此重复钩织，第7层起开始钩织帽围．帽围绕钩长针，不加减针，共钩9圈，第17层起，帽子的前面留起18针，后面留起6针，左右两侧各23针按图解所示钩织护耳。完成后沿帽围钩1圈短针。

2. 耳朵：按图解所示方法，钩2只耳朵，缝合于帽顶两侧，见耳朵花样。

3. 眼睛、嘴巴：按图解所示方法，白色线钩织2个眼睛，黑色线钩织1个嘴巴，缝合于帽前。

4. 饰花：按图解所示方法，浅蓝色线钩1朵饰花，缝合于帽顶侧。

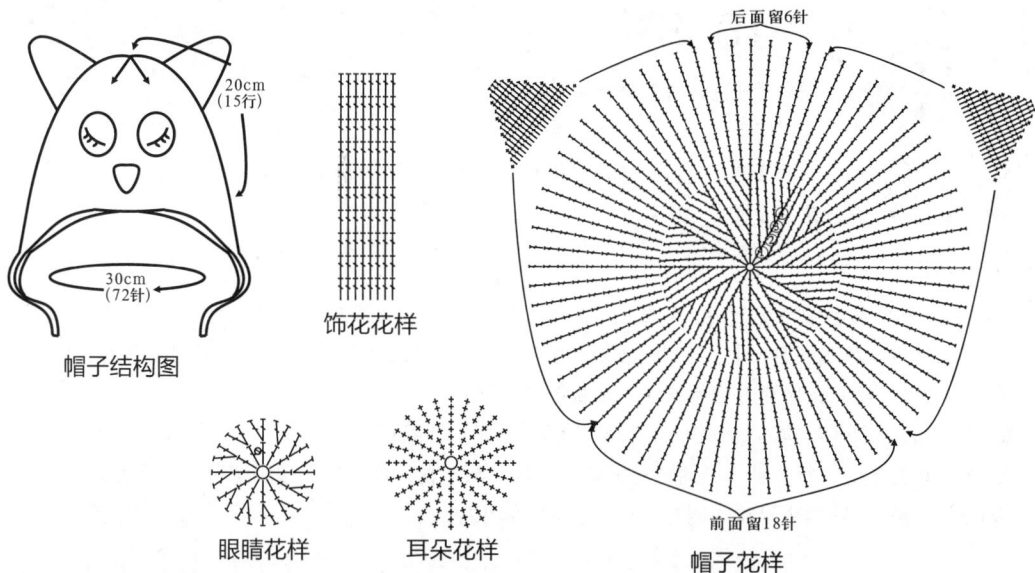

20cm
(15行)

30cm
(72针)

帽子结构图

饰花花样

眼睛花样

耳朵花样

后面留6针

前面留18针

帽子花样

【007】

【成品尺寸】帽围 30cm 帽高 18cm

【工　　具】1.25mm 钩针

【材　　料】黑色棉线 60g　红色棉线 40g　杏色棉线 5g

【密　　度】10cm² = 18.6 针 × 7.8 行

【制作过程】

1. 帽子:黑色线从帽顶起钩,钩长针,第 1 层钩 16 针,
第 2 层每 1 针钩出 2 针,共 32 针,第 3 层每间隔 1
针加钩 1 针,共 40 针,如此重复钩织,第 6 层起开
始钩织帽围,不加减针,共钩 2 圈,改为红色线钩织,
第 14 层杏色线钩 1 圈短针,收针断线。

2. 耳朵:黑色线起钩,钩长针,第 1 层钩 16 针,第
2 层每 1 针钩出 2 针,共 32 针,第 3 层每间隔 1 针
加钩 1 针,共 40 针,第 4 层 48 针,收针,缝合于
帽侧。

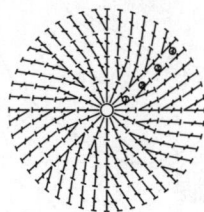

耳朵花样

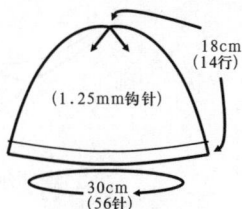

18cm
(14行)

(1.25mm钩针)

30cm
(56针)

帽子结构图

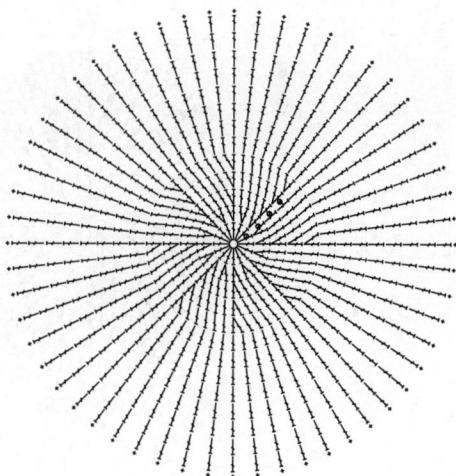

帽子花样

【008】

【成品尺寸】帽围 44cm 帽高 17cm

【工　　具】4mm 钩针

【材　　料】黄色中细棉线 70g 黑色中细棉线 60g

【密　　度】10cm² =22.5 针 × 11.1 行

【制作过程】

1. 从帽顶起钩，黄色线打圈起针，钩长针，2 圈黄色 1 圈黑色交替编织，第 1 圈钩 12 针，第 2、3、4 圈各加 12 针，第 5 圈 64 针，每间隔 1 针长针钩 1 针外钩针，第 6 圈 96 针，每间隔 2 针长针钩 1 针外钩针，第 7 圈起，按第 6 圈的方法不加减针钩帽围。

2. 帽围：间隔 2 针长针钩 1 针外钩针，共钩 8 圈，然后钩 2 圈短针。

3. 帽檐：钩 36 针，1 行长针 1 行短针交替编织，每 2 行左右各收 1 针，按图解所示，往返钩 5 行。

4. 黑色线沿帽围及帽檐边沿钩 1 圈短针锁边。帽子编织完成。

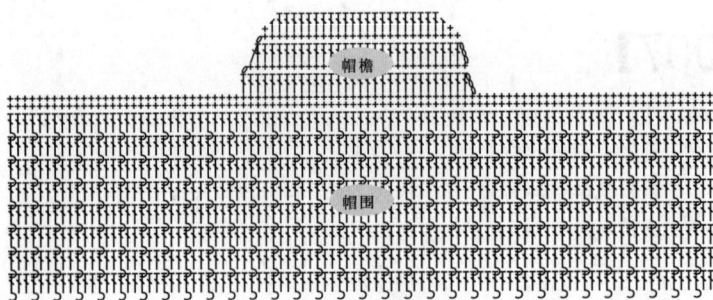

帽子主体花样

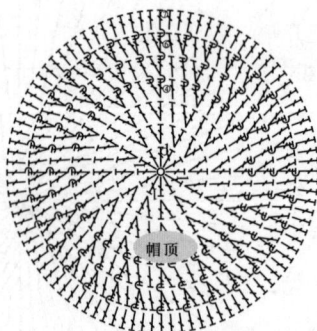

帽子花样

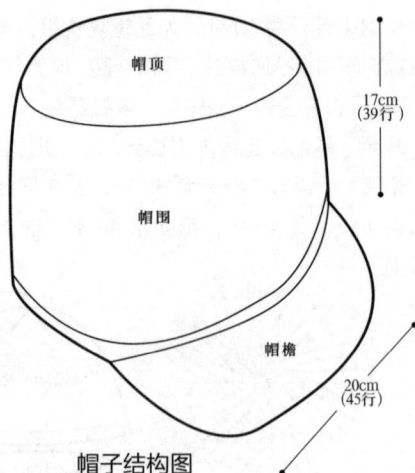

帽子结构图

【009】

【成品尺寸】 帽围 34cm 帽高 22cm

【工　　具】 1.25mm 钩针

【材　　料】 红色棉线 40g 白色棉线 70g 绿色、黑色棉线各 5g

【密　　度】 10cm² = 21 针 × 8.2 行

【制作过程】

1. 帽子：红色线从帽顶起钩，钩长针，第 1 层钩 12 针，第 2 层每 1 针钩出 2 针，共 24 针，第 3 层每间隔 1 针加钩 1 针，共 36 针，第 4 层每间隔 2 针加钩 1 针，共 48 针，如此重复钩织，第 7 层起开始钩织帽围。帽围绕钩长针，不加减针，钩 1 圈后改为绿色线钩 1 圈，然后改为白色线钩，钩至 18 层，第 19 层起，帽子的前面留 18 针，后面留 6 针，左右两侧各 23 针按图解所示钩织护耳。完成后沿帽围钩 1 圈短针。

2. 鼻子：按图解所示方法，白色线钩织 2 个眼睛，黑色线钩织 1 个嘴巴，缝合于帽前。

3. 帽顶饰花：按图解所示方法，彩色线绑 1 个绒球，缝合于帽顶。

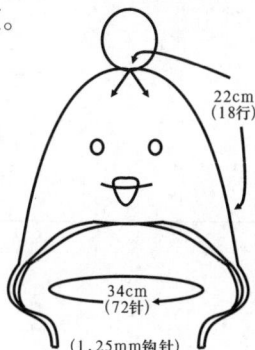

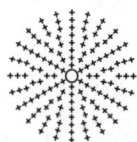

鼻子花样

帽子结构图

22cm
(18行)

34cm
(72行)

(1.25mm钩针)

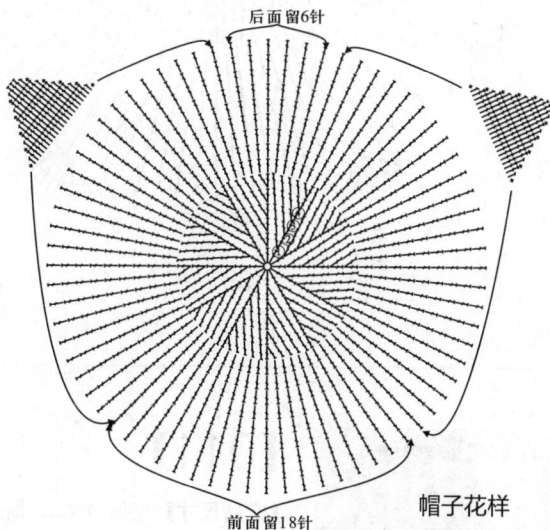

后面留6针

前面留18针

帽子花样

【010】

【成品尺寸】 帽围 34cm 帽高 23cm

【工　　具】 1.25mm 钩针

【材　　料】 天蓝色棉线 120g

【密　　度】 10cm² = 28.2 针 × 8.3 行

【制作过程】

1. 帽子：从帽顶起钩，钩长针，第 1 层钩 12 针，第 2 层每 1 针钩出 2 针，共 24 针，第 3 层每间隔 1 针加钩 1 针，共 36 针，第 4 层每间隔 2 针加钩 1 针，共 48 针，如此重复钩织，第 9 层起开始钩织帽围。帽围绕钩长针，不加减针，共钩 8 圈，第 17 层起钩织帽边，共钩 3 层后收针断线。

2. 饰花：钩织 1 朵饰花，缝合于帽侧。

3. 系带：钩织 1 条系带，穿入帽檐，图解见系带花样。

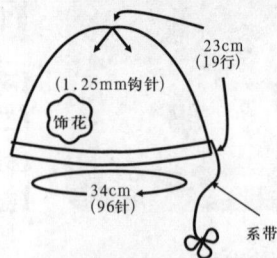

23cm
(19行)

(1.25mm钩针)

饰花

34cm
(96针)

系带

帽子结构图

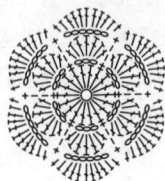

饰花花样

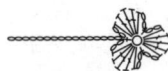

系带花样

帽子花样

【011】

【成品尺寸】帽围 43cm 帽高 15cm

【工　　具】2.5mm 钩针

【材　　料】橘色中粗棉线 100g 白色、黑色中粗棉线各 10g

【密　　度】10cm² = 15.3 针 ×8 行

【制作过程】

1. 钩针钩织主体。橘色线打圈起钩长针，第 1 圈钩 12 针，第 2 圈钩 24 针，第 3 圈钩 36 针，如此钩至第 6 圈，织片变成 66 针，不加减针钩织，第 7 圈和第 10 圈钩黑色线，钩至 12 圈，帽子主体完成。

2. 护耳：留 20 针的宽度作为前檐，在帽檐的两侧各取 15 针钩护耳，钩长针，两侧一边钩一边按花样图解所示收针，往返钩 6 行，余下 3 针。

3. 老虎眼睛：白色线打圈起钩短针。第 1 圈钩 6 针，第 2 圈钩 12 针，依此类推，共钩 6 圈，完成后缝合帽围前侧位置。黑色线绣 6 条胡须。

4. 耳朵：黑色线打圈起钩短针。第 1 圈钩 6 针，第 2 圈钩 18 针长针，第 3 圈钩 36 针长针，完成后缝合帽顶两侧位置。

5. 橘色线和黑色线混合编织 2 条长约 30cm 的辫子，缝合于帽子护耳底部。帽子编织完成。

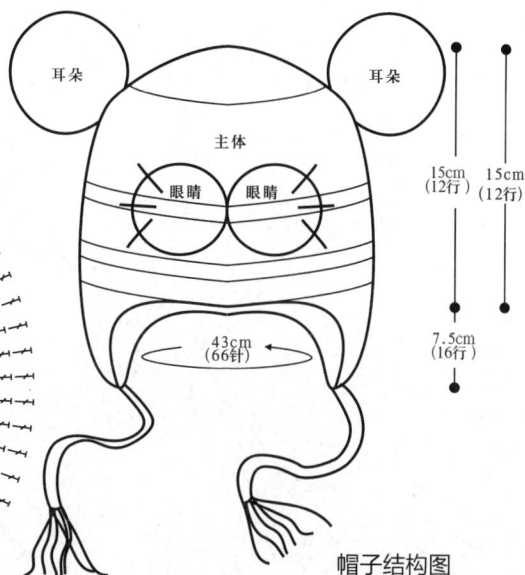

16针后沿

⑫

主体

耳朵　　　　　　　　　　　　　　耳朵

眼睛　　眼睛

15cm
(12行)　　15cm
(12行)

7.5cm
(16行)

43cm
(66针)

帽子结构图

20针前沿

帽子主体花样

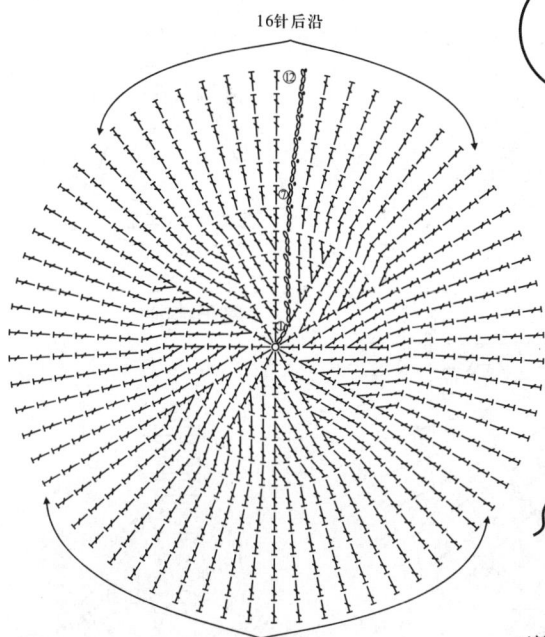

老虎眼睛花样　　　　老虎耳朵花样　　　　帽子护耳花样

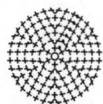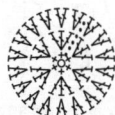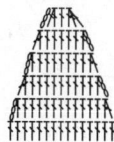

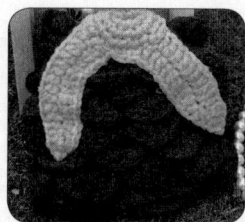

【012】

【成品尺寸】帽围 30cm　帽高 18cm

【工　　具】1.25mm 钩针

【材　　料】红色棉线 100g　绿色棉线 30g

【密　　度】10cm² =21.3 针 ×7.8 行

【制作过程】

1. 帽子：红色线从帽顶起钩，钩长针，第 1 层钩 16 针，第 2 层每 1 针钩出 2 针，共 32 针，第 3 层每间隔 1 针加钩 1 针，共 40 针，如此重复钩织，第 6 层起开始钩织帽围，不加减针，每钩一层长针，间隔钩 1 圈花边，共 6 圈，第 13、14 层钩长针，收针断线。

2. 饰花：绿色线起钩，第 1 层钩 8 针长针，第 2 层钩短针，钩 4 行，第 5 行每 1 针钩出 2 针，共 16 针，第 6 层每间隔 1 针加钩 1 针，共 24 针，第 7 层每间隔 2 针加钩 1 针，共 32 针，第 8 行起钩 3 条长针，如图解所示，完成后缝合于帽顶。

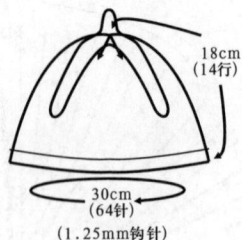

帽子结构图

18cm
(14行)

30cm
(64针)

(1.25mm钩针)

帽顶花样

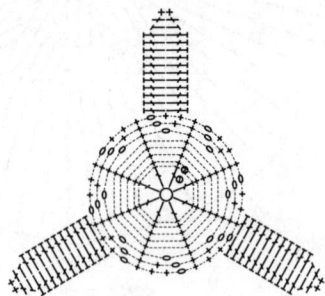

帽顶饰花花样

【013】

【成品尺寸】帽围 32cm 帽高 17cm

【工　　具】8 号棒针

【材　　料】白色羊毛线 150g 黑色线少许

【密　　度】$10cm^2$=20 针 × 28 行

【制作过程】

1. 用白色线从帽檐织起，用机器边起针法，起 64 针环织。

2. 先织 2cm 单罗纹，然后改织全下针。

3. 织至 40 行时，开始减针，方法是：将所有针数分成 8 等份，每份每隔一行均匀减 1 针，共减 8 针，减 4 次，直到所有针数剩下 32 针，最后一行织完后，用线把所有针数抽紧，形成帽子。

4. 用黑色线做两个直径 6cm 的绒球，双线绕 70 圈，用线在中间扎紧，修剪成球状，缝合到帽子的两端做耳朵，再做一个直径 4cm 的绒球做嘴巴，做两个眼睛，帽子编织完成。

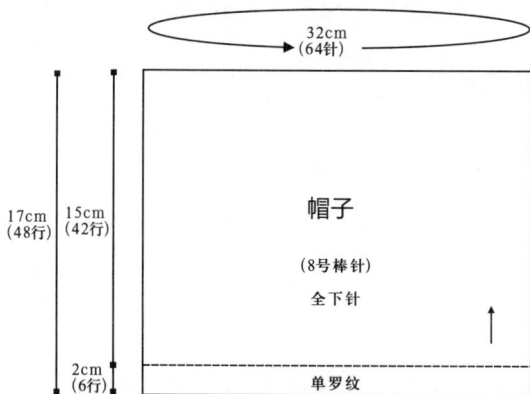

32cm
(64针)

17cm
(48行)

15cm
(42行)

帽子

(8号棒针)

全下针

2cm
(6行)

单罗纹

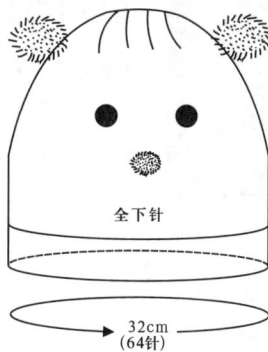

直径6cm的线球
双线绕70圈用线
在中间扎紧,修剪
成球状

全下针

32cm
(64针)

单罗纹

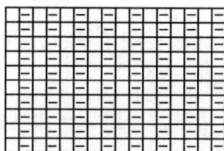

全下针

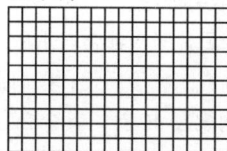

【014】

【成品尺寸】帽围 44cm 帽高 16cm

【工　　具】4mm 钩针

【材　　料】粉色中粗棉线 120g 4 颗珍珠

【密　　度】$10cm^2$=22.5 针 × 11.1 行

【制作过程】

1. 从帽顶起钩, 粉色线打圈起针, 钩长针, 第 1 圈钩 16 针, 第 2~3 圈各加 16 针, 第 4 圈 56 针, 然后不加减针钩帽围。

2. 帽围每间隔 2 针钩 4 针一束的长针, 共钩 19 组花样, 帽围变成 76 针,钩 10 圈后, 钩 3 圈短针。

3. 帽围侧斜缝 4 颗珍珠。帽子编织完成。

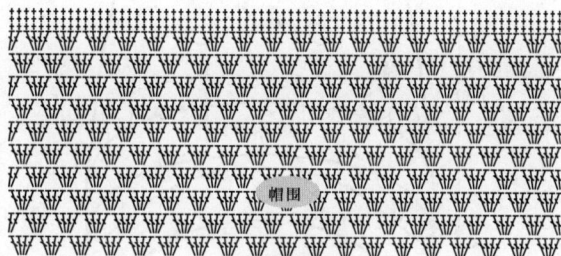

帽围

帽子主体花样

帽子结构图

帽顶

珍珠

帽围

6cm
(14行)

9cm
(20行)

16cm
(36行)

1cm
(2行)

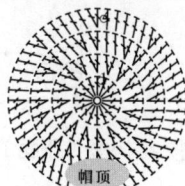

帽顶

帽子花样

【015】

【成品尺寸】 帽围 50cm 帽高 20cm

【工　　具】 7号棒针 1.5mm钩针

【材　　料】 黄色棉线 120g 粉红色棉线 10g

【制作过程】

1. 前片：用黄色线从帽沿起织，起78针，往返编织单罗纹，织10行后，改织元宝针，不加减针织40行后，收针断线。

2. 后片：起2针织下针，一边织一边两侧按每2行加1针加22次的方法加针，织至44行，织片变成46针，中间2针收针，左右针数分别编织耳朵后片，两侧按每2行减1针减10次的方法减针，织20行后，余下2针，收针断线。

3. 按结构图所示按前片和后片对应缝合。沿后片底部挑起56针织单罗纹，织12行后，收针断线。

4. 系带：钩织1条系带，穿入帽子后沿，图解见花样系带花样。

5. 耳朵前片：沿帽顶左侧挑起42针，其中20针制作成褶皱，一边织一边两侧按每2行减2针减10次的方法减针，织20行后，余下2针，收针断线。同样方法编织右耳朵。

6. 用钩针粉红色线缝合耳朵的前后片，钩织1条花边。

7. 粉红色线绑制串球，缝合于帽子前沿。

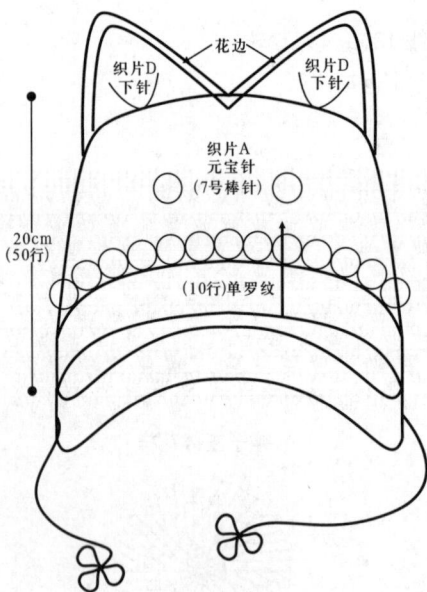

帽子结构图（正面）

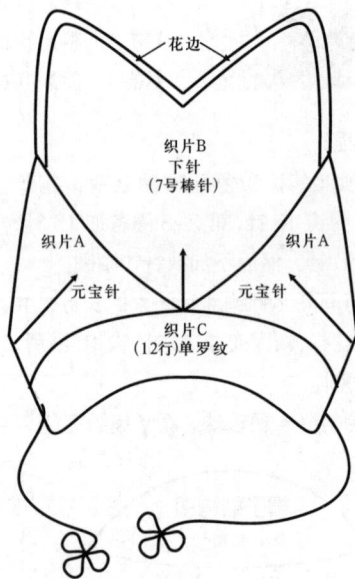

帽子结构图（背面）

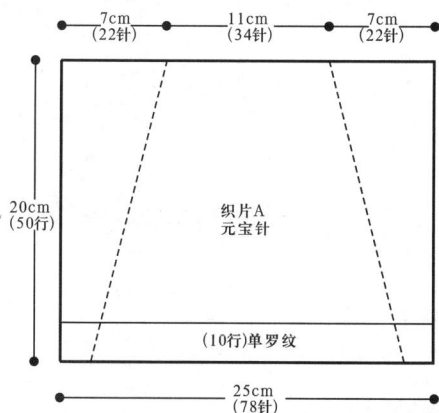

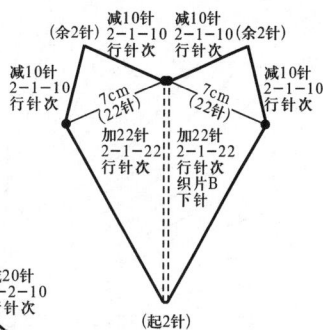

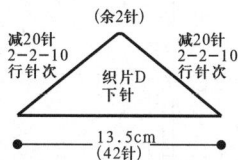

图示标注（织片A）：
- 7cm（22针） 11cm（34针） 7cm（22针）
- 20cm（50行）
- 织片A 元宝针
- （10行）单罗纹
- 25cm（78针）

织片B标注：
- 减10针 2-1-10 行针次（余2针）
- 减10针 2-1-10 行针次（余2针）
- 减10针 2-1-10 行针次
- 7cm（22针） 7cm（22针）
- 减10针 2-1-10 行针次
- 加22针 2-1-22 行针次 织片B 下针
- 加22针 2-1-22 行针次
- 起2针

织片D标注：
- 减20针 2-2-10 行针次
- （余2针）
- 减20针 2-2-10 行针次
- 织片D 下针
- 13.5cm（42针）

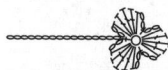

花边

系带花样

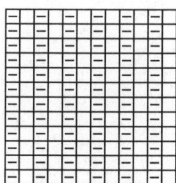

单罗纹

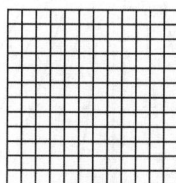

全下针

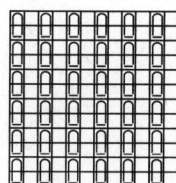

元宝针

【016】

【成品尺寸】帽围 34cm　帽高 23cm

【工　　具】1.25mm 钩针

【材　　料】灰色棉线 100g　白色棉线 20g

【密　　度】10cm² = 18.8 针 × 8.7 行

【制作过程】

1. 帽子：灰色线从帽顶起钩，第 1 层钩 16 针，第 2 层起将织片分成 4 部分，间隔处钩 2 针外钩长针，其余钩长针，第 2 层共钩 20 针，第 3 层钩 24 针，第 4 层钩 40 针，第 5 层钩 44 针，如此重复钩织，第 11 层起开始钩织帽围。不加减针，共钩 8 圈，第 19 层钩内钩长针，每间隔 7 针钩 1 针枣形内钩长针，第 20 层钩短针，收针断线。

2. 牛角：白色线起钩，钩短针，第 1 层钩 3 针，第 2 层钩 5 针，第 3 层钩 9 针，如图解所示共钩 12 行，完成后缝合于帽顶两侧。

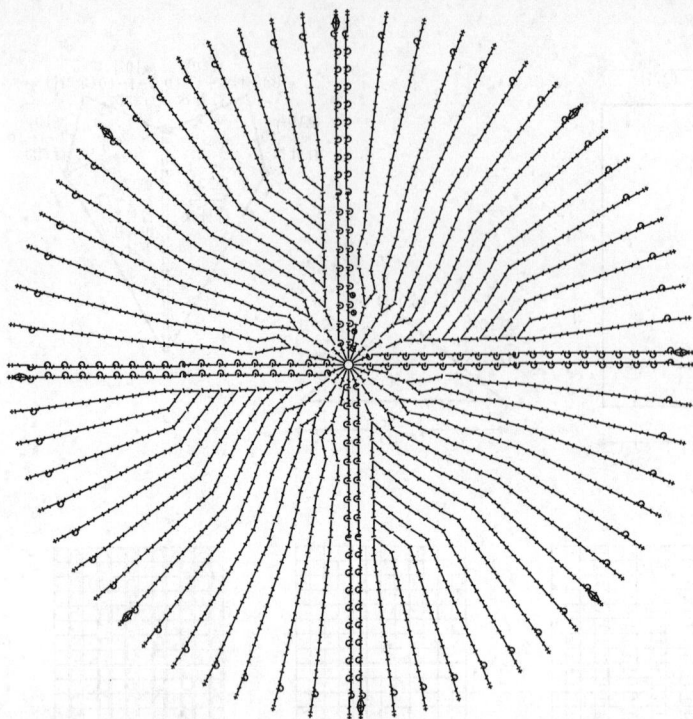

帽顶花样

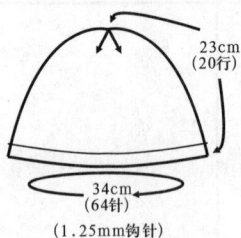

23cm
(20行)

34cm
(64针)

(1.25mm钩针)

帽子结构图

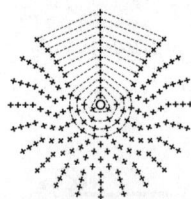

牛角花样

【017】

【成品尺寸】帽围 32cm　帽高 15cm

【工　　具】3mm 棒针　2.5mm 棒针　2.5mm 钩针　3mm 绒球绕线器

【材　　料】红色粗棉线 40g　灰色粗棉线 40g　黑色中粗棉线 20g

【密　　度】10cm² =22.5 针 ×32 行

【制作过程】

1. 棒针编织主体，黑色线起 72 针环形编织，织 10 行双罗纹后，改织 2 行下针，再织 10 行双罗纹，然后将织片均分成左右两半，分别编织帽围。帽围织搓板针，左半部分红色线编织，右半部分灰色线编织，织 30 行后，帽顶减针，每 2 行均将减掉 3 针，织 8 行后，左右各余下 24 针，将左右两部分对应缝合。

2. 钩针钩织嘴巴，灰色线打圈起钩长针。第 1 圈钩 9 针，第 2 圈 18 针，第 3 圈 26 针，完成后缝合帽围侧面位置。

3. 钩针钩织鼻子和眼睛，黑色线打圈起钩长针，1 圈共钩 12 针，完成后缝合于帽围侧合适位置。

4. 钩针钩织耳朵，红色线打圈起钩长针。第 1 圈钩 8 针，第 2 圈 16 针，第 3 圈 24 针，第 4、5 圈 32 针，第 6 圈 24 针，完成后缝合帽顶两侧位置。

5. 利用绒球绕线器，制作一个红色绒球，缝合于帽子后沿。

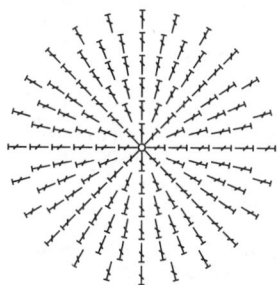

耳朵花样

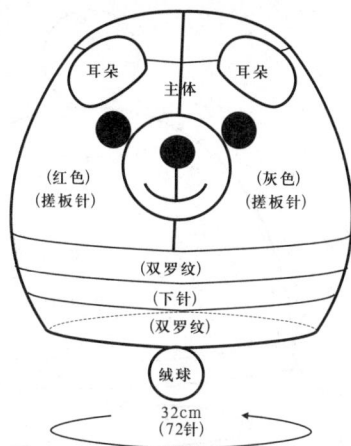

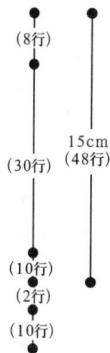

帽子结构图

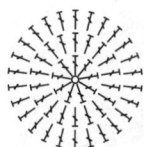

嘴巴花样

眼睛、鼻子花样

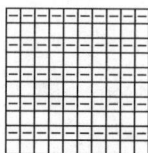

搓板针

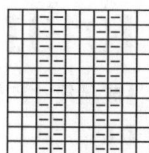

双罗纹

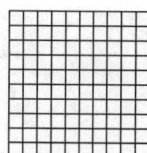

全下针

【018】

【成品尺寸】帽围 34cm 帽高 18cm

【工　　具】7 号棒针　1.5mm 钩针

【材　　料】咖啡色棉线 100g　白色线 5g

【密　　度】10cm² = 21.2 针 × 32.2 行

【制作过程】

1. 从帽沿起织，粉红色线起 72 针，环形编织单罗纹，织 8 行后，改织搓板针，不加减针织 40 行后，改织下针，将织片均分成 6 部分，每 2 行减掉 12 针，织 10 行后，收针，将帽顶束状收拢缝合。

2. 绑制 3 个毛球，缝合于帽顶及帽沿两侧。

3. 按图解所示，白色线钩织 2 只眼睛，缝合于帽前侧。

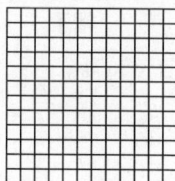

全下针

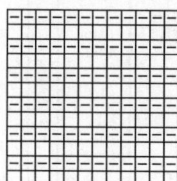

搓板针

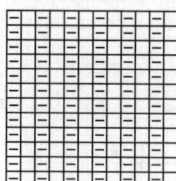

单罗纹

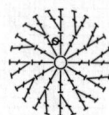

眼睛花样

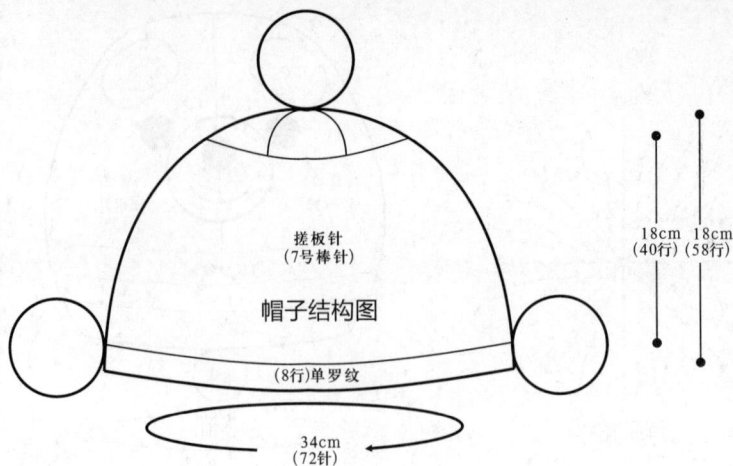

搓板针
(7号棒针)

帽子结构图

(8行)单罗纹

18cm 18cm
(40行)(58行)

34cm
(72针)

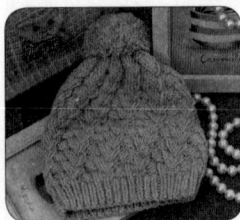

【019】

【成品尺寸】 帽围 40cm 帽高 17cm

【工　　具】 8 号棒针

【材　　料】 蓝色羊毛线 150g

【密　　度】 10cm² =20 针 ×28 行

【制作过程】

1. 从帽沿织起，用机器边起针法，起 80 针环织。

2. 先织 3cm 单罗纹，然后改织花样。

3. 织至 14cm 时，开始减针，方法是：将所有针数分成 8 等份，每份每隔一行均匀减 1 针，在花样的上针处减针，共减 8 针，减 4 次，直到所有针数剩下 48 针，最后一行织完后，用线把所有针数抽紧，形成帽子。

4. 做一个直径 6cm 的绒球，双线绕 70 圈，用线在中间扎紧，修剪成球状，缝合到帽子的顶部，帽子编织完成。

直径6cm的绒球
双线绕70圈用线
在中间扎紧，修剪
成球状

花样

帽子结构图

40cm
(80针)

单罗纹

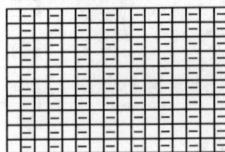

40cm
(80针)

花样

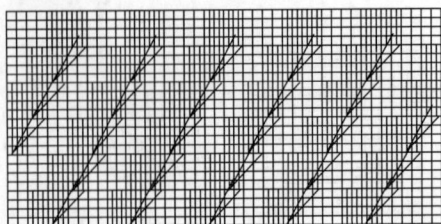

17cm
(48行)

14cm
(40行)

帽子

花样

3cm
(8行)

单罗纹

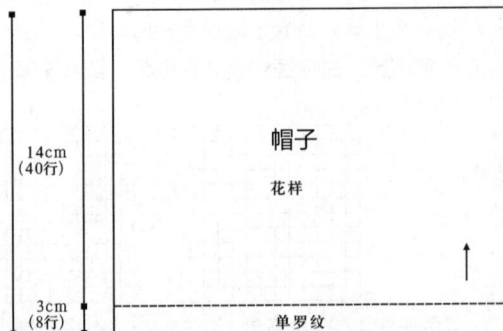

【020】

【成品尺寸】帽围 33cm 帽高 17cm

【工　　具】3mm 棒针 2.5mm 钩针

【材　　料】草绿色中粗棉线 80g 深绿色中粗棉线 40g 黑色、白色棉线各 5g

【密　　度】10cm² =17 针 ×23.5 行

【制作过程】

1. 棒针编织主体，草绿色线起 56 针环形编织，织 4 行单罗纹后，改织全下针，织 16 行后，均匀减掉 4 针，再织 4 行后，均匀减掉 4 针，织至 24 行，改为深绿色线编织，每织 4 行均匀减掉 11 针，织至 36 行，织片余下 22 针，左右对应缝合。

2. 草绿色线在帽子两侧分别挑起 10 针编织护耳，一边织一边两侧减针，第 2 行减 2 针，织 8 行后，余下 2 针，收针断线。

3. 龙角：按花样图解所示，深绿色线分别编织恐龙（顶）角和（后）角，完成后缝合于主体图示位置。

4. 眼睛：黑色线打圈起钩起 8 针，第 1 圈 8 针，第 2 圈白色线钩 16 针，第 3 圈绿色钩 32 针，完成后缝合于主体图示位置。

5. 耳朵：深绿色线打圈起钩起 8 针，第 1 圈 8 针，第 2 圈钩 16 针，完成后缝合于主体图示位置。

6. 草绿色线和深绿色线混合编织 2 条长约 30cm 的辫子，缝合于帽子护耳底部。帽子编织完成。

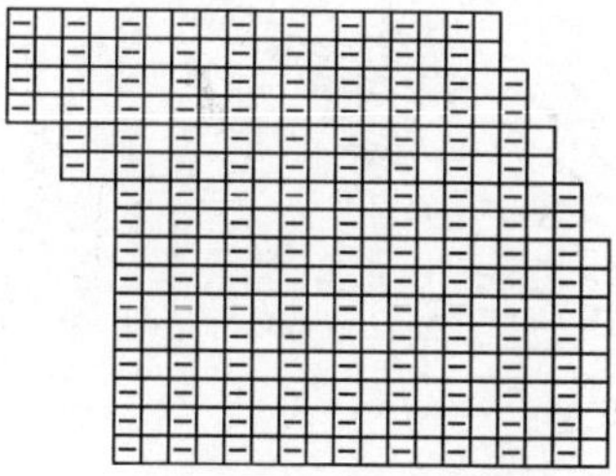

恐龙（顶）角花样

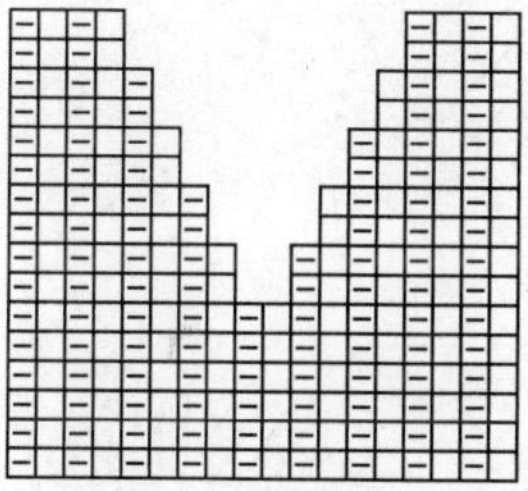

恐龙（后）角花样

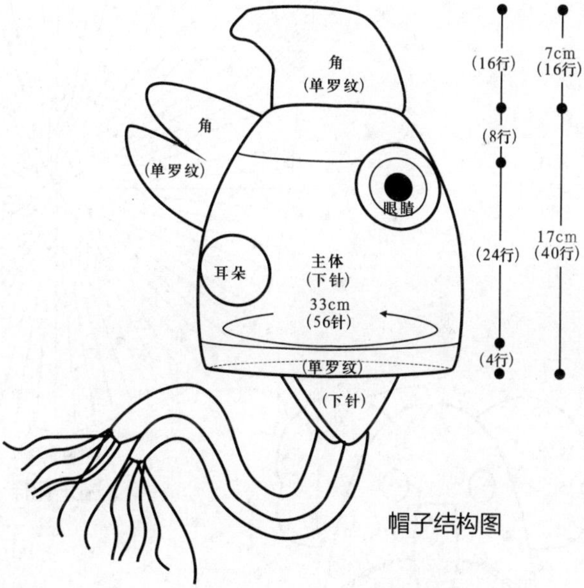

角
（单罗纹）

角
（单罗纹）

眼睛

耳朵

主体
（下针）
33cm
（56针）

（单罗纹）

（下针）

帽子结构图

(16行)

7cm
(16行)

(8行)

(24行)

17cm
(40行)

(4行)

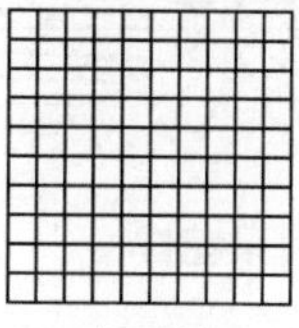

全下针

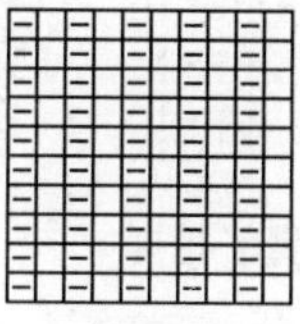

单罗纹

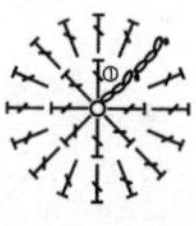

耳朵花样

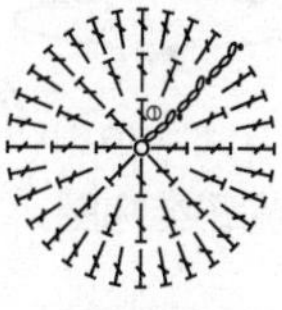

眼睛花样

【021】

【成品尺寸】帽围 28cm 帽高 20cm

【工　　具】1.25mm 钩针

【材　　料】灰色棉线 120g 白色、黑色棉线各 5g 黄色棉线 10g

【密　　度】10cm² = 25.7 针 × 7.5 行

【制作过程】

1. 帽子：用灰色线从帽顶起钩，钩长针，第 1 层钩 12 针，第 2 层每 1 针钩出 2 针，共 24 针，第 3 层每间隔 1 针加钩 1 针，共 36 针，第 4 层每间隔 2 针加钩 1 针，共 48 针，如此重复钩织，第 7 层起开始钩织帽围，帽围绕钩长针，不加减针，共钩 9 圈，第 17 层起，帽子的前面留起 18 针，后面留起 6 针，左右两侧各 23 针按图解所示钩织护耳。

2. 鼻子：起 8 针，环绕钩短针，第 2 层起钩 12 针，共钩 12 行后，缝合于帽前。

3. 耳朵：按图解所示方法，用白色线钩织 4 片织片，拼合成 2 只耳朵，缝合于帽顶两侧，见耳朵花样。

4. 眼睛：按图解所示方法，用黑色线钩织 2 个眼睛，缝合于帽前。

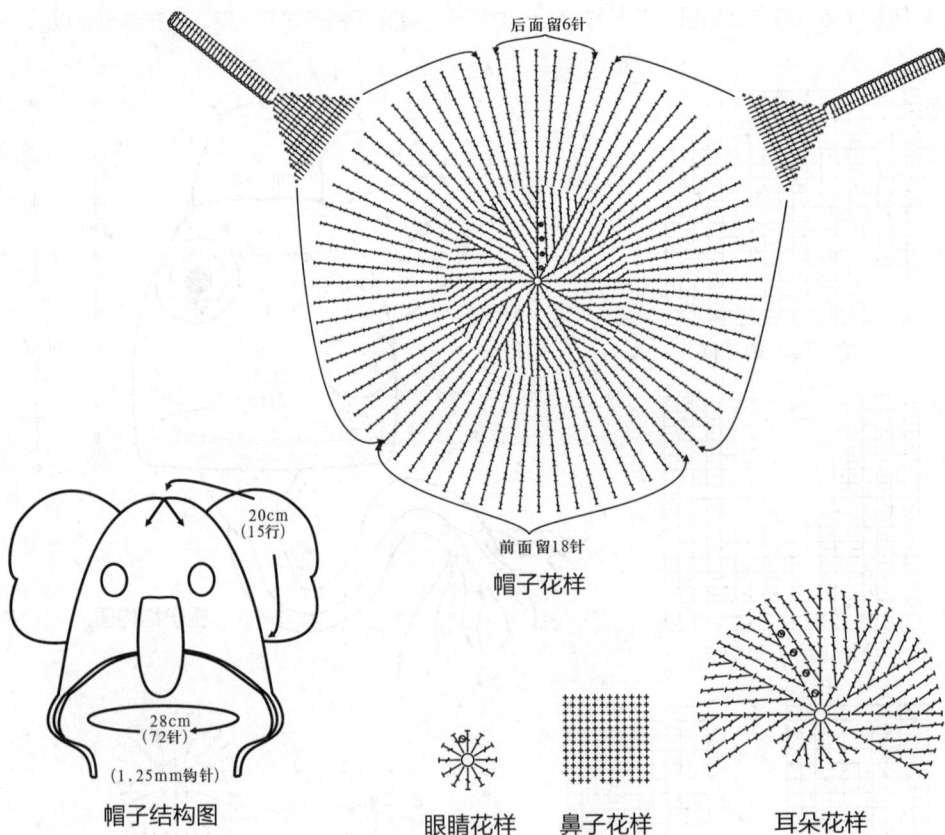

后面留6针

帽子花样

前面留18针

20cm
(15行)

28cm
(72针)

(1.25mm钩针)

帽子结构图

眼睛花样　　鼻子花样　　耳朵花样

【022】

【成品尺寸】 帽围 30cm 帽高 18cm

【工　　具】 1.25mm 钩针

【材　　料】 绿色棉线 100g 白色棉线 20g

【密　　度】 10cm² = 18.6 针 × 7.8 行

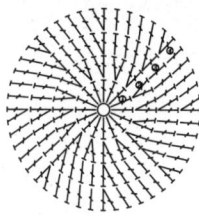

耳朵花样

【制作过程】

1. 帽子：绿色线从帽顶起钩，钩长针，第1层钩16针，第2层每1针钩出2针，共32针，第3层每间隔1针加钩1针，共40针，如此重复钩织，第6层起开始钩织帽围，不加减针，共钩7圈，第14层钩1圈短针，收针断线。

2. 耳朵：白色线起钩，钩长针，第1层钩16针，第2层每1针钩出2针，共32针，第3层每间隔1针加钩1针，共40针，第4层绿色线钩48针，收针，缝合于帽侧。

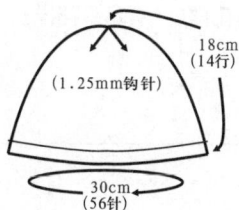

帽子结构图

18cm（14行）

（1.25mm钩针）

30cm（56针）

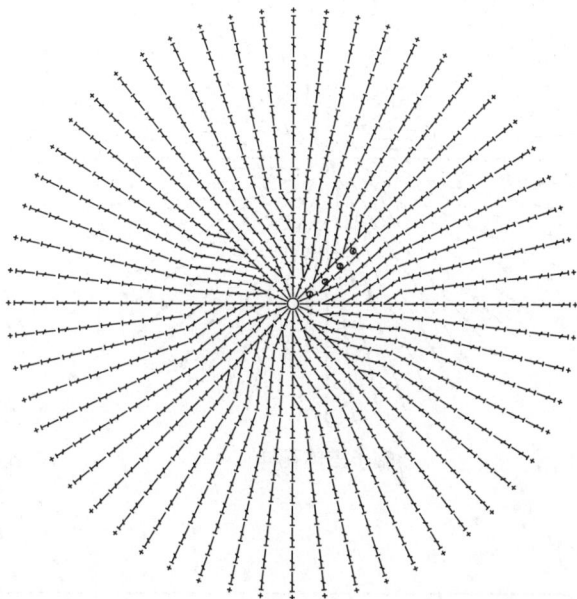

帽子花样

【023】

【成品尺寸】 帽围 43cm 帽高 15cm

【工　　具】 2.5mm 钩针

【材　　料】 咖啡色中粗棉线 90g 白色中粗棉线 20g

【密　　度】 10cm² = 14 针 × 9.3 行

【制作过程】

1. 钩针钩织主体，咖啡色线打圈起钩长针，第1圈钩12针，第2圈钩24针，第3圈钩36针，如此钩至第5圈，织片变成60针，不加减针钩至14圈，帽子主体完成。

2. 猴子面孔：白色线起8针辫子针，返回钩短针，第1圈20针，第2圈24针，第3圈28针，然后往返钩10针长针，钩4行后，面孔钩织完成，然后按图钩嘴形，完成后缝合于帽围侧位置。

3. 眼睛：咖啡色线打圈起钩短针，第1圈钩6针，第2圈12针，完成后缝合猴子面孔位置。

4. 耳朵：白色线打圈起钩短针。第1圈钩6针，第2圈12针，第3圈24针，第4圈36针，第5圈改用咖啡色线钩36针，第6圈钩36针萝卜丝针，完成后缝合帽顶两侧位置。帽子编织完成。

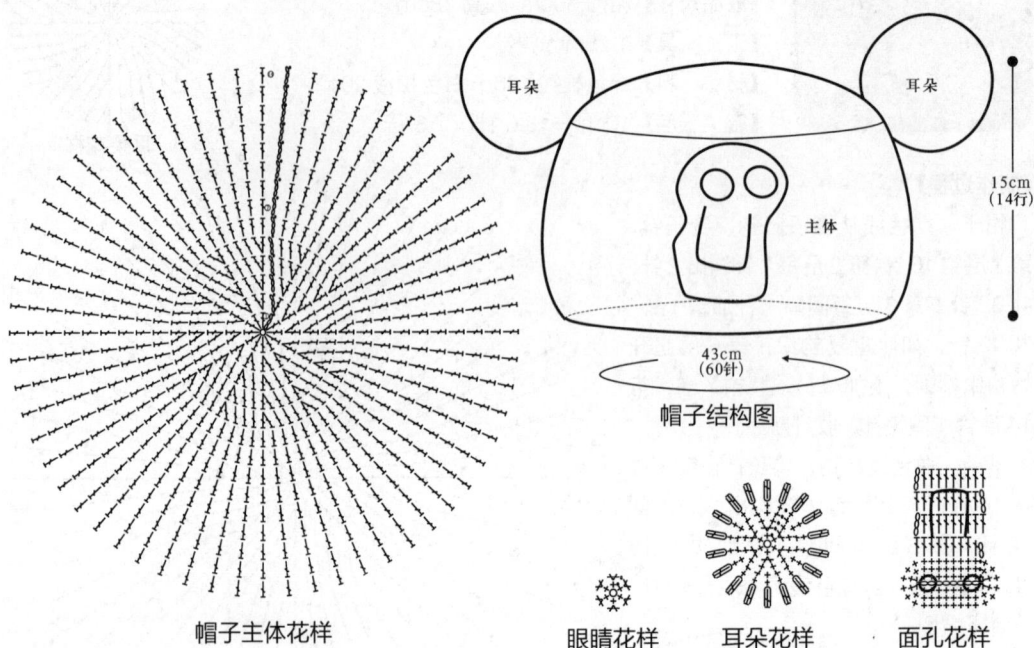

帽子主体花样

眼睛花样　　耳朵花样　　面孔花样

帽子结构图

耳朵　　　　　　　　　耳朵

主体

15cm
(14行)

43cm
(60针)

【024】

【成品尺寸】帽围 34cm　帽高 21cm

【工　　　具】1.25mm 钩针

【材　　　料】绿色棉线 120g　红色、蓝色、黑色棉线各 20g

【密　　　度】10cm² =21 针 ×7.1 行

【制作过程】

1. 帽子：绿色线从帽顶起钩，钩长针，第 1 层钩 12 针，第 2 层每 1 针钩出 2 针，共 24 针，第 3 层每间隔 1 针加钩 1 针，共 36 针，第 4 层每间隔 2 针加钩 1 针，共 48 针，如此重复钩织，第 7 层起开始钩织帽围，帽围绕钩长针，不加减针，共钩 9 圈，第 17 层起，帽子的前面留起 18 针，后面留起 6 针，左右两侧各 23 针按图解所示钩织护耳。完成后蓝色线沿帽围钩 1 圈短针。

2. 帽顶饰花：按图解所示方法，钩 11 个花样，缝合于帽顶及两侧。

3. 帽前侧饰花：按图解所示方法，钩织 3 个花样，缝合于帽前。

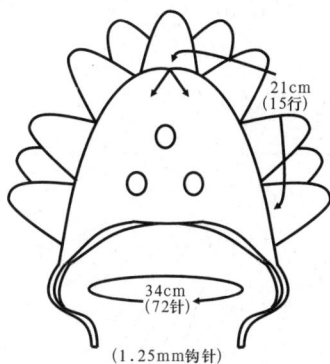

21cm
(15行)

34cm
(72针)

(1.25mm钩针)

帽子结构图

后面留6针

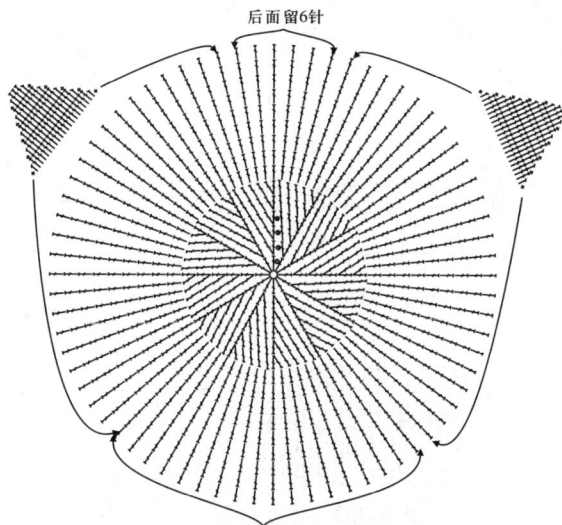

前面留18针

帽子花样

帽侧饰花花样

帽顶饰花花样

【025】

【成品尺寸】 帽围 32cm 帽高 24cm

【工　　具】 1.5mm 钩针

【材　　料】 白色棉线 20g 浅蓝色棉线 80g 粉红色棉线 20g

【密　　度】 10cm^2=22.5 针 ×6.3 行

【制作过程】

1. 帽子：白色线从帽顶起钩，钩长针，第 1 层钩 12 针，第 2 层每 1 针钩出 2 针，共 24 针，第 3 层每间隔 1 针加钩 1 针，共 36 针，第 4 层每间隔 2 针加钩 1 针，共 48 针，如此重复钩织，第 7 层起开始钩织帽围。帽围绕钩长针，不加减针，共钩 9 圈，第 14、15 圈白色线钩织，第 16 层起，帽子的前面留起 18 针，后面留起 6 针，左右两侧各 23 针按图解所示钩织护耳。

2. 耳朵：粉红色线起 20 针，围绕钩长针，第 1 层钩 52 针，第 2 层钩 64 针，第 3 层用白色线钩 64 针短针，断线。

3. 绑带：浅蓝色线和白色线混合编织两条辫子，缝合于护耳两侧。

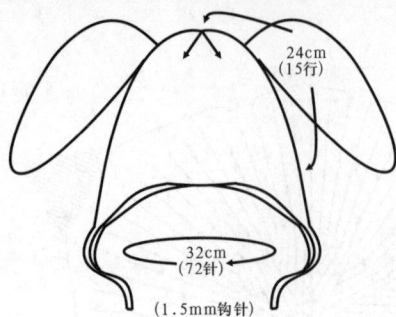

24cm
(15行)

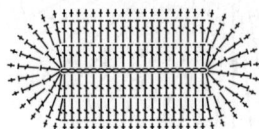

32cm
(72针)

(1.5mm钩针)

帽子结构图

耳朵花样

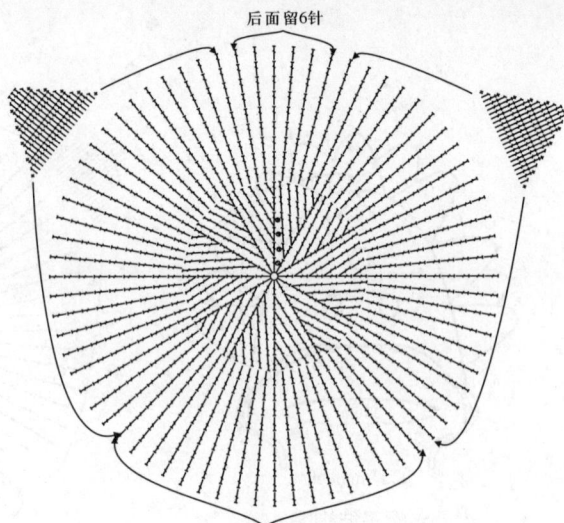

后面留6针

前面留18针

帽子花样

【026】

【成品尺寸】帽围 44cm　帽高 15cm

【工　　具】4mm 钩针

【材　　料】粉色中细棉线 120g　灰色中细棉线 40g

【密　　度】10cm² = 22.5 针 × 11.1 行

【制作过程】

1. 从帽顶起钩，粉色线打圈起针，钩长针，第 1 圈钩 12 针，第 2~7 圈各加 12 针，第 7 圈 84 针，然后不加减针钩帽围。

2. 帽围：钩 84 针长针，钩 6 圈后改为灰色线钩短针，钩 3 圈，第 10 圈钩 1 针短针，1 针中长针和锁针的花边。

3. 饰花：粉色线打圈起针，钩长针，第 1 圈 15 针，第 2 圈钩 7 针长针 1 股的花瓣，完成后缝合于帽围侧。帽子编织完成。

灰色

帽围

帽子主体花样

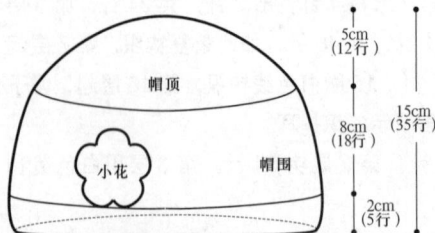

帽顶

小花

帽围

5cm
(12行)

8cm
(18行)

15cm
(35行)

2cm
(5行)

帽子结构图

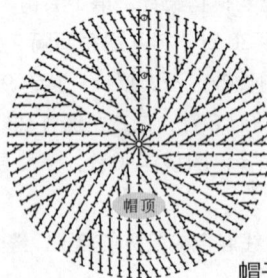

帽顶

帽子花样

小花

【027】

【成品尺寸】 帽围 30cm 帽高 22cm

【工　　具】 8 号棒针

【材　　料】 红色羊毛线 150g

【密　　度】 10cm² = 20 针 × 28 行

【制作过程】

1. 从左右护耳织起，左护耳起 6 针，织 56 行全下针后，两边分别加 4 针，方法是：每 6 行加 1 针加 4 次，加至 14 针，不用收针待用，同样方法织右护耳。

2. 在两片护耳之间加 16 针，继续编织全下针，A 与 B 合并圈织。

3. 织至 54 行时，开始减针，方法是：将所有针数分成 8 等份，每份每隔一行均匀减 1 针，共减 8 针，减 4 次，直到所有针数剩下 24 针，最后一行织完后，用线把所有针数抽紧，形成帽子。

4. 帽子耳朵编织，起 16 针，织 16 行全下针，同时两边减针，方法是：每 2 行减 1 针减 8 次，把针数减完，织 4 片，用两片合并缝合，塞上棉花，缝合到帽子上，帽子编织完成。

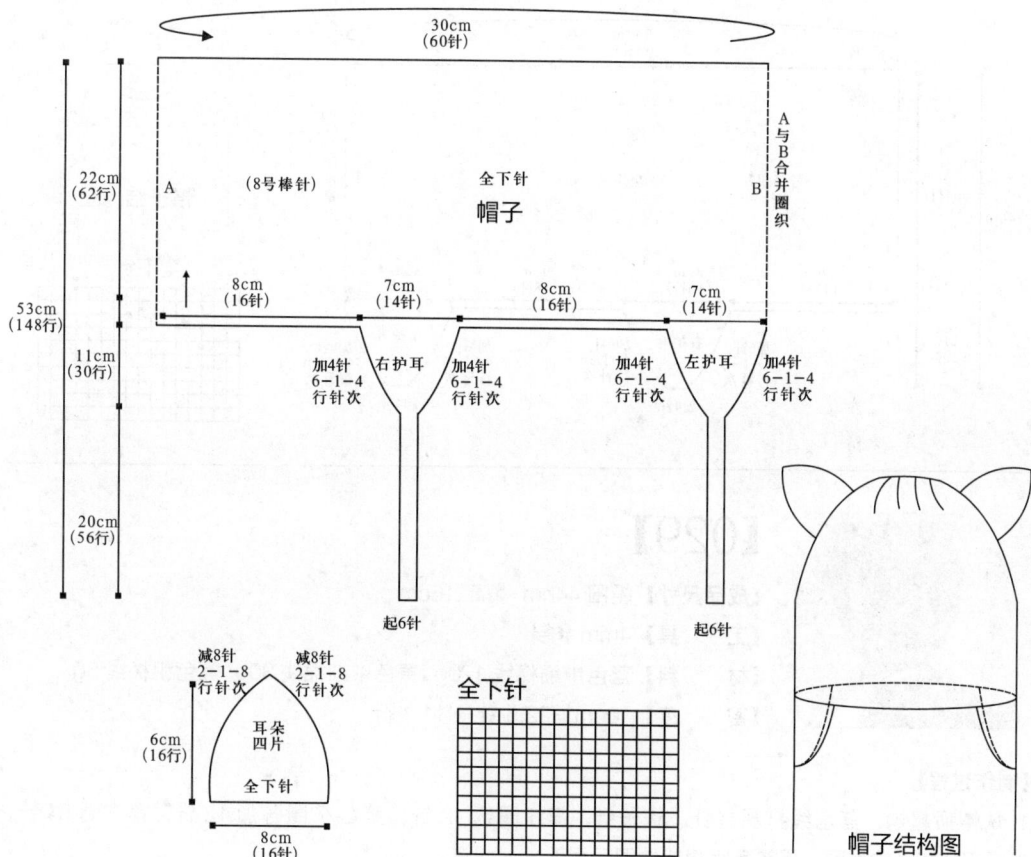

30cm
(60针)

22cm
(62行)

A

(8号棒针)

全下针
帽子

B

A 与 B 合 并 圈 织

8cm
(16针)

7cm
(14针)

8cm
(16针)

7cm
(14针)

53cm
(148行)

11cm
(30行)

加4针
6-1-4
行针次

右护耳

加4针
6-1-4
行针次

加4针
6-1-4
行针次

左护耳

加4针
6-1-4
行针次

20cm
(56行)

起6针

起6针

减8针
2-1-8
行针次

减8针
2-1-8
行针次

6cm
(16行)

耳朵
四片

全下针

8cm
(16针)

全下针

帽子结构图

【028】

【成品尺寸】 帽围 34cm　帽高 23cm

【工　　具】 8号棒针

【材　　料】 咖啡色羊毛线 150g　白色线 5g

【密　　度】 10cm² = 20针 × 28行

【制作过程】

1. 从左右护耳织起，左护耳起4针，织11cm全下针，两边分别加6针，方法是：每4行加1针加6次，加至16针，不用收针待用，同样方法织右护耳。

2. 在两片护耳之间加18针，继续织全下针，A与B合并圈织。

3. 织至56行时，开始减针，方法是：将所有针数分成8等份，每份每隔一行均匀减1针，共减8针，减4次，直到所有针数剩下36针，最后一行织完后，用线把所有针数抽紧，形成帽子。

4. 编织一条绳子做成毛球，缝合到帽子顶部，用钩针钩织眼睛、鼻子、耳朵和两个角，缝合到帽子相应的位置上。在两边护耳下面编织小辫子。帽子编织完成。

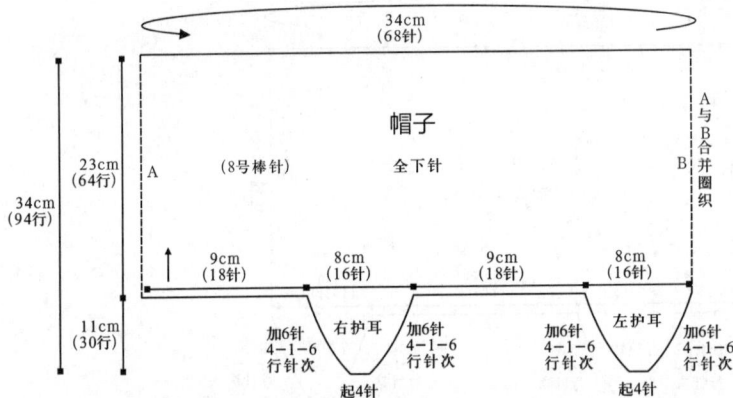

帽子结构图

全下针

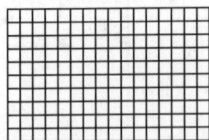

【029】

【成品尺寸】 帽围 44cm　帽高 16cm

【工　　具】 4mm钩针

【材　　料】 蓝色中细棉线 120g　黄色中细棉线 30g　黑色粗棉线 5g

【密　　度】 10cm² = 22.5针 × 11.1行

【制作过程】

1. 从帽顶起钩，蓝色线打圈起针，钩长针，第1圈钩12针，第2~7圈各加12针，第7圈84针，然后不加减针钩帽围。用黑色粗棉线钩图示眉毛。

2. 帽围：钩 84 针长针，钩 9 圈后改钩 1 圈短针锁边。

3. 嘴：黄色线钩 12 针锁针，返回钩长针，共钩 2 圈，缝合于帽围前侧。

4. 耳朵：黄色线打圈起针，钩长针，第 1 圈 16 针，第 2 圈 32 针，完成后缝合于帽子顶部两侧。帽子编织完成。

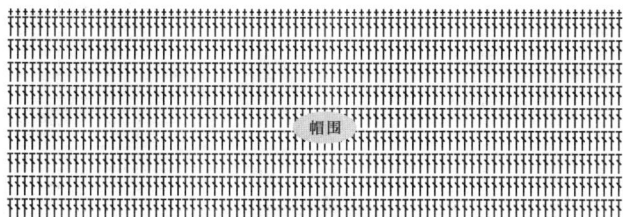

帽子主体花样

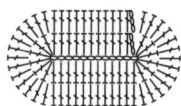

嘴花样　　　　耳朵花样

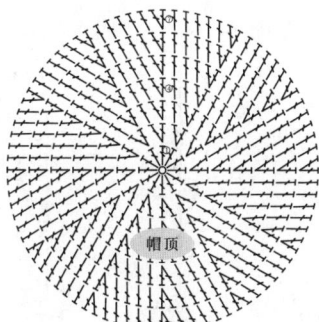

帽子花样

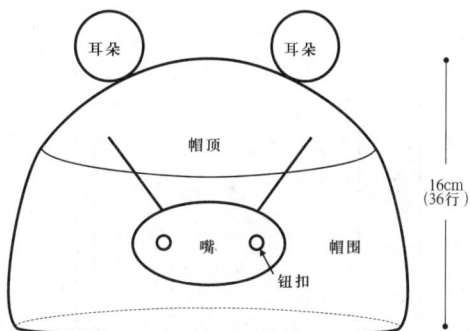

帽子结构图

【030】

【成品尺寸】帽围 38cm　帽高 19cm

【工　　具】8 号棒针

【材　　料】咖啡色羊毛线 150g

【密　　度】$10cm^2$=20 针 ×28 行

【制作过程】

1. 从左右护耳织起，左护耳起 6 针，织 22cm 花样 B 后，两边分别加 4 针，方法是：每 6 行加 1 针加 4 次，加至 14 针，不用收针待用，同样方法织右护耳。

2. 在两片护耳之间加 24 针，织花样 A，A 与 B 合并圈织。

3. 织至 19cm 时，最后一行织完后，用线把所有针数抽紧，形成帽子。

4. 用双线绕 70 圈，用线在中间扎紧，剪成球状，做成直径 6cm 的绒球，共做 3 个，分别缝合到帽子的顶部和两边护耳。帽子编织完成。

花样 A

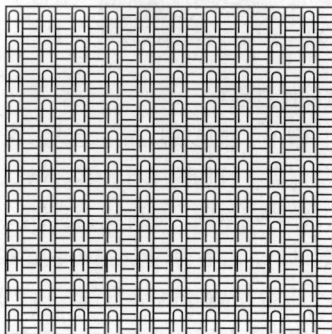

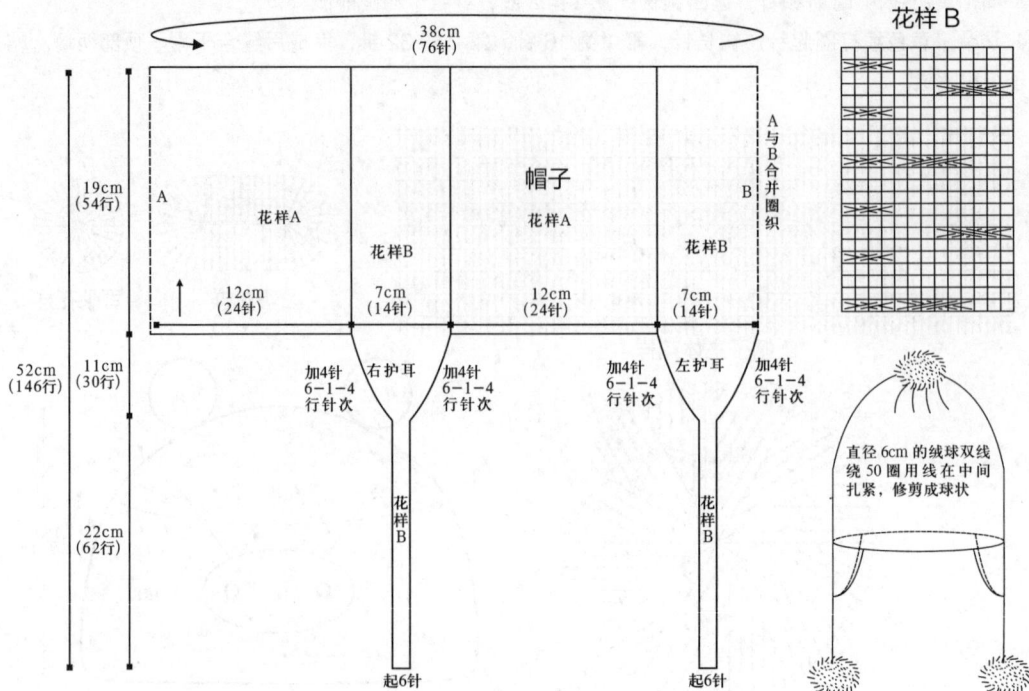

花样 B

38cm
(76针)

19cm
(54行)

A

花样A

花样B
7cm
(14针)

帽子
花样A

B

A
与
B
合
并
圈
织

花样B
7cm
(14针)

12cm
(24针)

12cm
(24针)

52cm
(146行)

11cm
(30行)

加4针
6-1-4
行针次

右护耳

加4针
6-1-4
行针次

加4针
6-1-4
行针次

左护耳

加4针
6-1-4
行针次

22cm
(62行)

花样
B

花样
B

起6针

起6针

直径6cm的线球双线
绕50圈用线在中间
扎紧,修剪成球状

【031】

【成品尺寸】 帽围 32cm 帽高 24cm

【工　　具】 1.25mm 钩针

【材　　料】 杏色棉线 120g 咖啡色棉线 20g

【密　　度】 10cm² = 22.5 针 × 6.3 行

【制作过程】

1. 帽子:杏色线从帽顶起钩,钩长针,第1层钩12针,第2层每1针钩出2针,共24针,第3层每间隔1针加钩1针,共36针,第4层每间隔2针加钩1针,共48针,如此重复钩织,第7层起开始钩织帽围。帽围绕钩长针,不加减针,共钩9圈,第17层起,帽子的前面留起18针,后面留起6针,左右两侧各23针按图解所示钩织护耳。完成后咖啡色线沿帽围钩1圈短针。

2. 耳朵:按图解所示方法,钩2只耳朵,缝合于帽顶两侧,见耳朵花样。

3. 眼睛、嘴巴:按图解所示方法,钩织2个眼睛1个嘴巴,缝合于帽前。

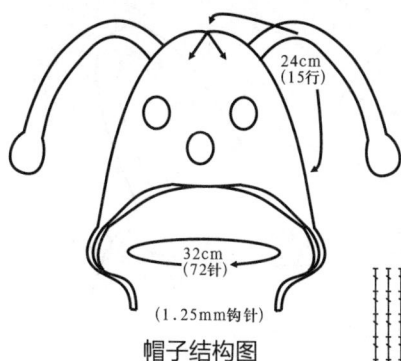

24cm
(15行)

32cm
(72针)

(1.25mm钩针)

帽子结构图

后面留6针

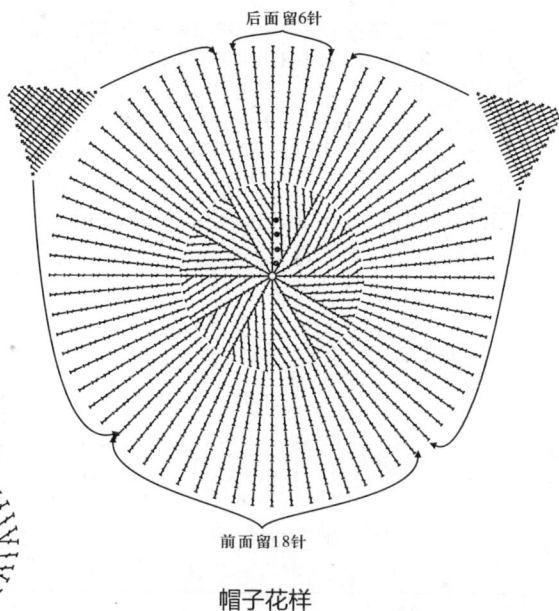

前面留18针

帽子花样

眼睛、嘴巴花样

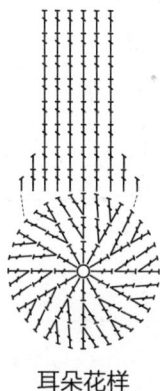

耳朵花样

【032】

【成品尺寸】帽围 44cm 帽高 17cm

【工　　具】4mm 钩针

【材　　料】灰色粗棉线 150g 粉色粗棉线 30g 白色粗棉线 5g

【密　　度】10cm² =22.5 针 × 11.1 行

【制作过程】

1. 从帽顶起钩，灰色线打圈起针，钩长针，第 1 圈钩 16 针，第 2 圈 32 针，第 3~6 圈各加 8 针，第 6 圈 64 针，然后不加减针钩帽围。

2. 帽围：钩 64 针长针，钩 9 圈后改用粉色线钩 1 圈短针。

3. 耳朵：分两层，粉色线钩 12 针锁针，返回钩长针，共钩 1 圈。然后灰色线起钩后片，起 12 针锁针，返回钩长针，钩 1 圈后，第 2 圈将前片对应合并钩 1 圈长针，完成后缝合于帽子顶侧。

4. 按图解所示钩 1 朵小花，第 1 层用灰色线钩，第 2 层白色，第 3 层粉色，完成后缝合于帽围侧边。帽子编织完成。

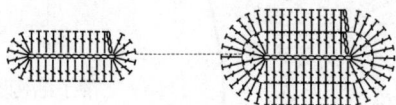

耳朵花样

小花

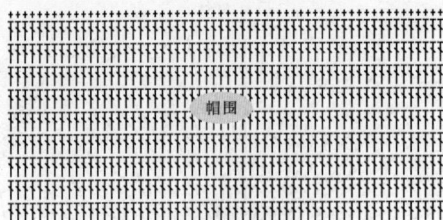
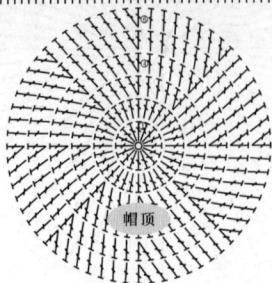
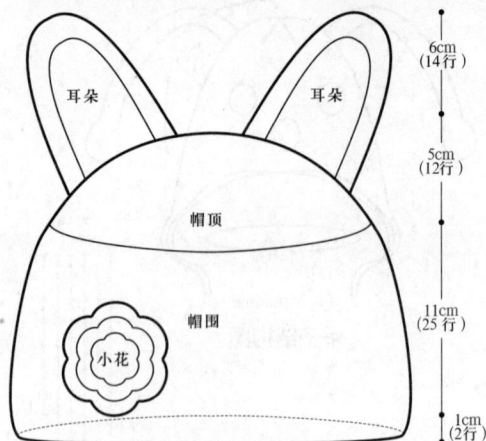

帽圈

帽顶

帽子花样

耳朵　耳朵

帽顶

帽围

小花

6cm
(14行)

5cm
(12行)

11cm
(25行)

1cm
(2行)

帽子结构图

【033】

【成品尺寸】帽围 44cm　帽高 15cm

【工　　具】4mm 钩针

【材　　料】红色粗棉线 120g　绿色粗棉线 30g

【密　　度】10cm² = 22.5 针 × 11.1 行

【制作过程】

1. 从帽顶起钩，红色线打圈起针，钩长针，第 1 圈钩 12 针，第 2 圈 24 针，第 3 圈 36 针，每间隔 3 针长针钩 1 针外钩针，第 4 圈每间隔 4 针长针钩 1 针外钩针，第 5 圈每间隔 5 针长针钩 1 针外钩针，第 6 圈起不加减针钩帽围。

2. 帽围：钩 54 针，每间隔 5 针长针钩 1 针外钩针，钩 6 圈后改钩 1 圈短针。

3. 饰花：绿色线打圈起钩 8 针围成圈，钩短针，钩 9 圈，第 10 圈钩 36 针长针，完成后缝合于帽顶，另起绿色线钩织 50 针锁针，返回钩 1 行长针，缝合于帽顶。帽子编织完成。

饰花

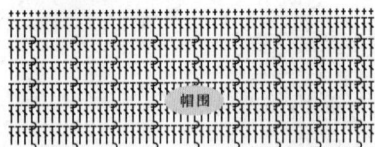

帽围

帽子花样

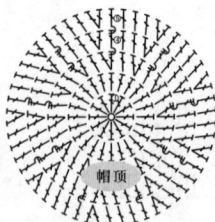

帽顶

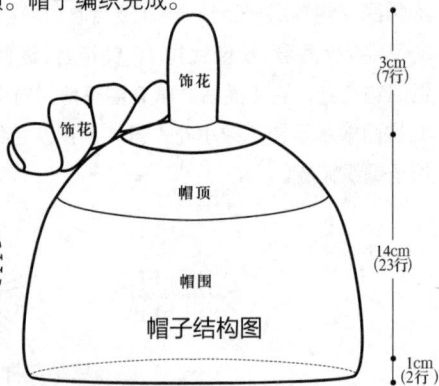

饰花

饰花

帽顶

帽围

帽子结构图

3cm
(7行)

14cm
(23行)

1cm
(2行)

【034】

【成品尺寸】帽围 42cm 帽高 17cm

【工　　具】4mm 钩针

【材　　料】粉色粗棉线 140g 红色粗棉线 10g

【密　　度】10cm^2=22.5 针 × 11.1 行

【制作过程】

1. 从帽顶起钩，粉色线打圈起针，钩短针，第 1 圈钩 8 针，第 2~5 圈各加 8 针，第 6 圈 40 针，左右两侧各钩 10 针长针，第 7 圈 48 针，左右两侧各钩 14 针长针，然后不加减针钩帽围。

2. 帽围：钩 48 针短针，共钩 12 圈。

3. 帽沿：沿帽围边沿反向起钩短针，第 1 圈钩 54 针，左右两侧各钩 13 针长针，第 2 圈 60 针短针，第 3 圈钩 66 针，左右两侧各钩 15 针长针，第 4 圈 72 针短针。

4. 五角星：红色线打圈起针，每钩 3 针长针间隔 1 针锁针，共 20 针围成圈，然后在锁针的位置钩出 5 针锁针，返回钩 1 针短针，1 针中长针，2 针长针，同样的方法钩出 5 个角的形状，完成后缝合于帽围侧。帽子编织完成。

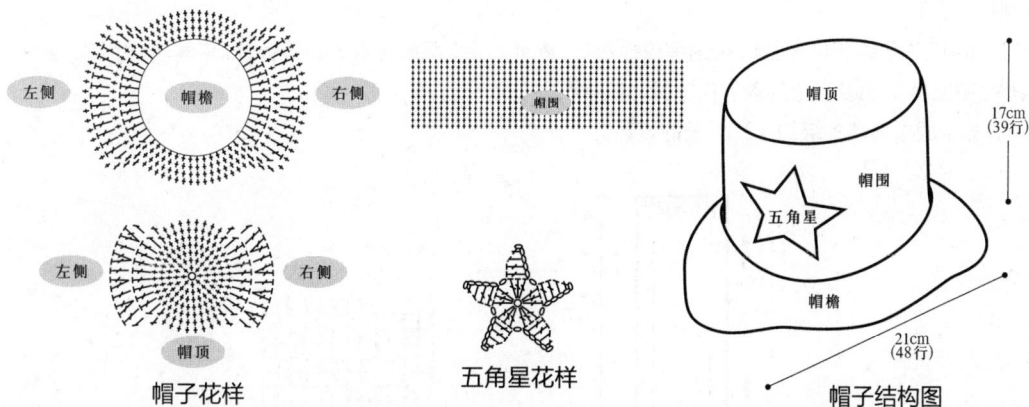

帽子花样　　　　　五角星花样　　　　　帽子结构图

【035】

【成品尺寸】围巾长 125cm 帽围 11cm

【工　　具】8 号棒针

【材　　料】绿色、黄色、咖啡色、白色羊毛线各 50g

【密　　度】10cm^2=20 针 × 28 行

【制作过程】

1. 按编织方向，用下针起针法，起 22 针，织单罗纹，并配色，织 125cm 收针断线。

2. 装饰：以 2 根 30cm 长的毛线为一组流苏，对折系到围巾的两端。围巾编织完成。

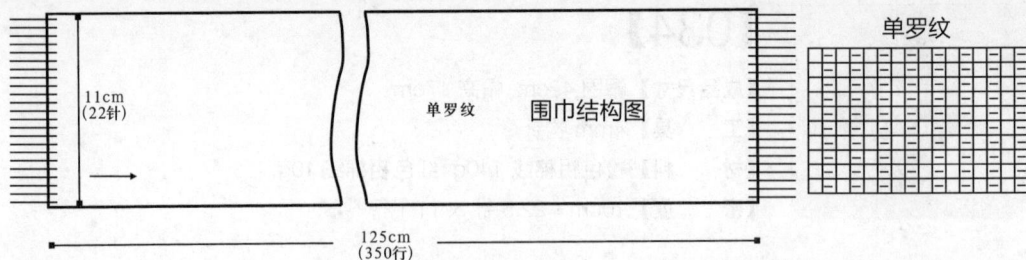

单罗纹

11cm
(22针)

单罗纹　围巾结构图

125cm
(350行)

【036】

【成品尺寸】 围巾长 105cm　帽围 11cm

【工　　具】 7 号棒针

【材　　料】 黄色羊毛线 100g

【密　　度】 10cm² = 18 针 × 19 行

【制作过程】

1. 围巾：用 7 号棒针起 20 针，往返编织搓板针，织 4 行后，两侧各织 3 针搓板针，中间 14 针改织花样，织至 103cm 的长度，全部改织搓板针，织 4 行后，收针。

2. 流苏：围巾两端各绑约 12cm 长的流苏。

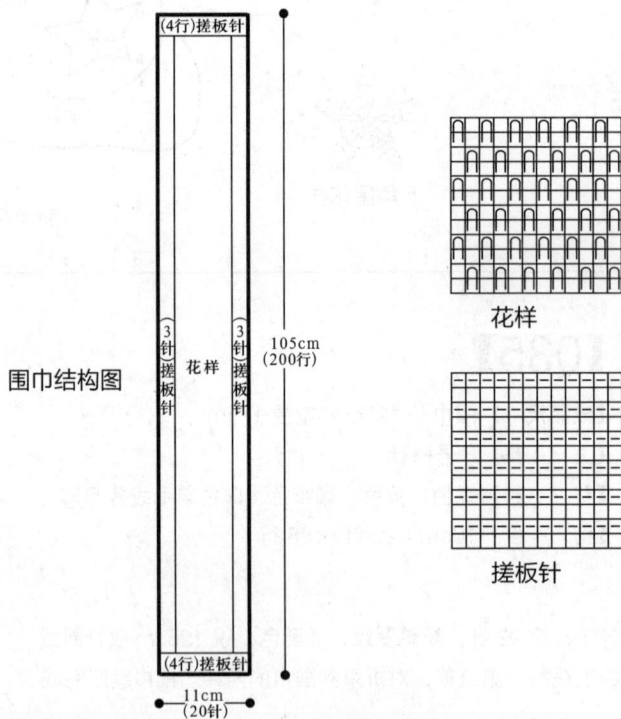

(4行)搓板针

3针搓板针　花样　3针搓板针

105cm
(200行)

围巾结构图

(4行)搓板针

11cm
(20针)

花样

搓板针

【037】

【成品尺寸】围巾长 112cm 帽围 10cm

【工　　具】6 号棒针

【材　　料】绿色羊毛线 100g

【密　　度】10cm² = 20 针 × 17 行

【制作过程】

1. 围巾：用 6 号棒针起 20 针，往返编织花样，织 112cm 长度，收针。

2. 毛球：绑系 8 个毛球，分别缝合于围巾两端。

围巾结构图　花样

112cm（192行）

10cm（20针）

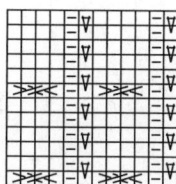

花样

【038】

【成品尺寸】围巾长 140cm 帽围 13cm

【工　　具】8 号棒针

【材　　料】红色、黄色、咖啡色、橙色羊毛线各 50g

【密　　度】10cm² = 20 针 × 28 行

【制作过程】

1. 按编织方向，用下针起针法，起 26 针，织单罗纹，并配色，织 140cm 收针断线。

2. 装饰：用双线绕 70 圈，用线在中间扎紧，剪成球状，做成直径 6cm 的绒球，用橙色线和黄色线各做 5 个，在围巾两端各缝上 5 个绒球。围巾编织完成。

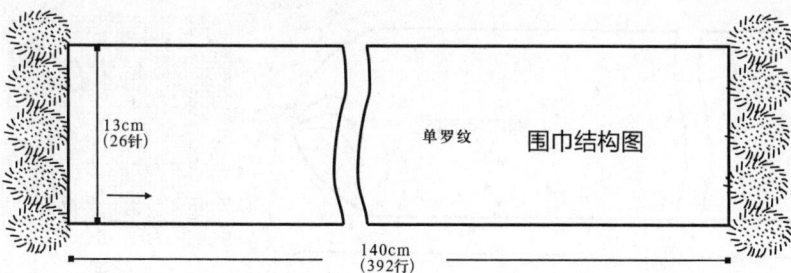

13cm（26针）

单罗纹　围巾结构图

140cm（392行）

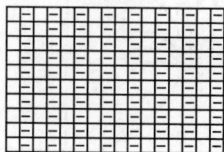

单罗纹

【039】

【成品尺寸】 围巾长 115cm 帽围 14cm

【工　　具】 7 号棒针

【材　　料】 橙色羊毛线 100g

【密　　度】 10cm² = 15.5 针 × 10.5 行

【制作过程】

1. 围巾：用 7 号棒针起 22 针，往返编织花样，织至 115cm 的长度，收针。

2. 流苏：围巾两端各绑约 12cm 长的流苏。

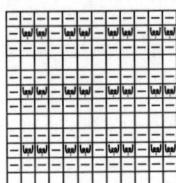

花样

围巾结构图

花样

115cm
(120行)

14cm
(22针)

【040】

【成品尺寸】 围巾长 106cm 帽围 9cm

【工　　具】 8 号棒针

【材　　料】 玫红色羊毛线 150g 白色线 5g

【密　　度】 10cm² = 20 针 × 28 行

【制作过程】

1. 按编织方向，用下针起针法，起 18 针，织花样，织 106cm 收针断线，围巾的两端用线锁紧。围巾编织完成。

2. 装饰：用玫红色线和白色线双线绕 70 圈，用线在中间扎紧，剪成球状，做成直径 6cm 的绒球，共做 2 个，在围巾两端各缝上 1 个绒球。

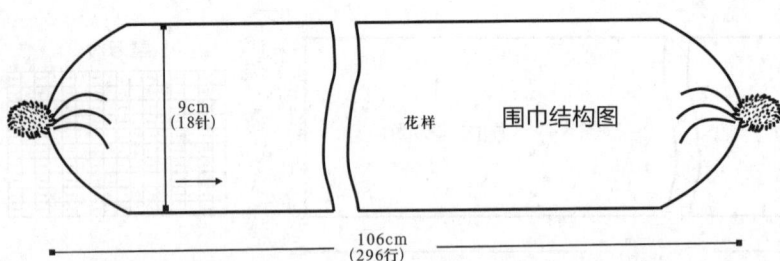

9cm
(18针)

花样　　围巾结构图

106cm
(296行)

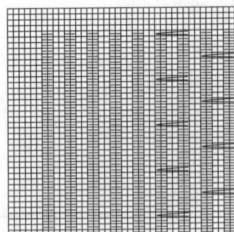

花样

【041】

【成品尺寸】 围巾长 100cm 帽围 10cm

【工 具】 6 号棒针 1.25mm 钩针

【材 料】 白色羊毛线 100g 粉红色、黄色羊毛线各 10g

【密 度】 10cm² = 26 针 × 48 行

【制作过程】

1. 围巾：用 6 号棒针白色线起 26 针，往返编织搓板针，织 100cm 长度，收针。

2. 饰花：用 1.25mm 钩针按花样所示钩织两朵饰花，其中一朵第一圈钩粉红色线，其他钩黄色线。其中一朵第一圈钩黄色线，其他钩粉色线。完成后缝合于围巾两端。

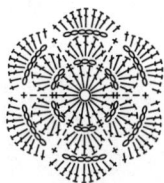

饰花花样

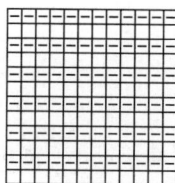

搓板针

围巾结构图

【042】

【成品尺寸】 手套长 17cm 帽围 8cm

【工 具】 8 号棒针

【材 料】 红色、白色羊毛线各 50g

【密 度】 10cm² = 20 针 × 28 行

【制作过程】

1. 右手：红色线从手套口起织，起 28 针，圈织 4cm 单罗纹后，改织全下针，并配色，同时在两侧各加 2 针，共 32 针。

2. 织 3cm 时，开始分拇指针数，留 8 针用线穿起来，余下针数平加 4 针后，继续编织手掌部，织 7cm 后，在两侧减针，方法是：每 2 行减 2 针减 4 次，共减 16 针，余下 16 针，全部针数用线抽紧。

3. 开始编织拇指，原来穿起的 8 针，再加 4 针，共 12 针，圈织 4cm 全下针，全部针数用线抽紧，手套编织完成。同样方法对称编织左手。

4. 编织一根绳子，把两个手套连接。

5. 用白色线做留须装饰手套，并缝上眼睛和嘴巴。手套编织完成。

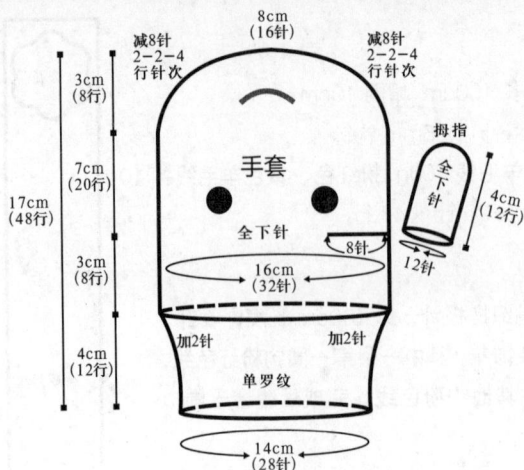

8cm
(16针)
减8针
2-2-4
行针次
减8针
2-2-4
行针次

3cm
(8行)

7cm
(20行)

17cm
(48行)

手套

全下针

拇指

全下针

4cm
(12行)

8针

12针

16cm
(32针)

3cm
(8行)

4cm
(12行)

加2针

加2针

单罗纹

14cm
(28针)

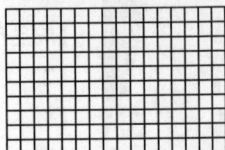

全下针

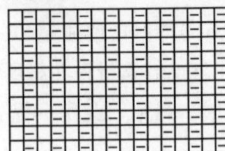

单罗纹

【043】

【成品尺寸】 手套长 15cm 宽 5cm

【工　　具】 3mm 棒针 2.0mm 钩针

【材　　料】 粉色中粗棉线 100g

【密　　度】 棒针：$10cm^2$：35.5 针 × 33.3 行　钩针：$10cm^2$：24 针 × 13.3 行

【附　　件】 白珍珠 2 颗 粉色丝带 2 条

【制作过程】

1. 钩针钩织主体，粉色线打圈起钩长针，第 1 圈钩 12 针，然后按图解所示钩花样，钩 7 行后，织片变成往返编织，大拇指侧按图解所示减针，钩至 12 行，织片余下 20 针。

2. 钩针钩织拇指，粉色线打圈起钩长针。第 1 圈钩 6 针，然后按图解所示钩花样，钩 4 行后，织片变成往返编织，主体侧按图解所示减针，钩至 9 行，织片余下 8 针。然后与主体对应缝合。

3. 沿边棒针挑起 32 针，环形编织双罗纹，织 6cm 后，收针断线。

4. 沿边钩织 1 圈花边，如图解所示。相反的方向编织另一支手套，再钩织长约 100cm 绳子将两只手套连接。

5. 按小花图解粉色线钩织 2 朵双层小花，花芯钉珍珠和丝带，分别缝合于手套背部。手套编织完成。

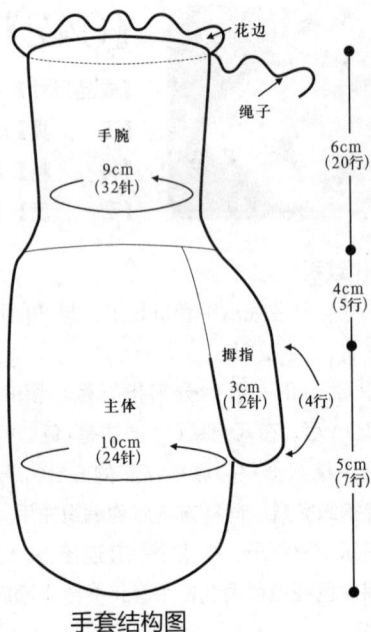

花边

绳子

手腕

9cm
(32针)

6cm
(20行)

4cm
(5行)

拇指

3cm
(12针)

(4行)

主体

10cm
(24针)

5cm
(7行)

手套结构图

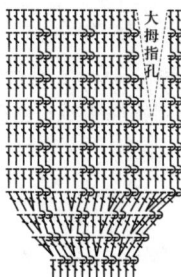
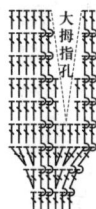

手套手腕花样　　　　手套主体花样　　　手套拇指花样　　　小花花样

【044】

【成品尺寸】手套长 20cm　宽 8cm
【工　　具】8 号棒针
【材　　料】粉红色羊毛线 100g
【密　　度】10cm²=20 针 ×28 行

【制作过程】

1. 从手套口起织，起 28 针，圈织 5cm 单罗纹后，改织全下针，手掌织全下针，手背织花样，并在两侧各加 2 针，共 32 针。

2. 织 3cm 时，开始分拇指针数，留 8 针用线穿起来，余下针数平加 4 针后，继续编织手掌部，织 9cm 后，在两侧减针，方法是：每 2 行减 2 针减 4 次，共减 16 针，余下 16 针，全部针数用线抽紧。

3. 开始编织拇指，原来穿起的 8 针，再加 4 针，共 12 针，圈织 12 行全下针，全部针数用线抽紧，手套编织完成。同样方法对称编织左手。

4. 编织一根绳子，把两个手套连接。手套编织完成。

花样

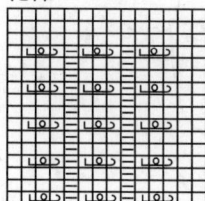

单罗纹

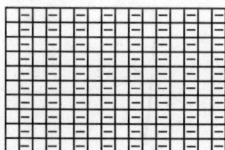

全下针

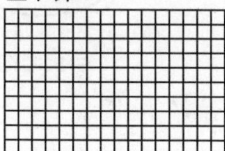

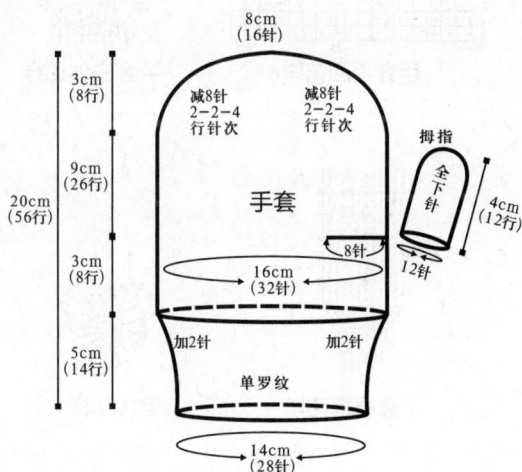

109

【045】

【成品尺寸】 手套长 16cm 宽 7cm

【工　　具】 3mm 棒针 2.0mm 钩针

【材　　料】 橘色中粗棉线 100g 白色、黑色中细棉线各 5g

【密　　度】 棒针：10cm² : 35.5针 × 33.3行 钩针：10cm² : 17.1针 × 12行

【制作过程】

1. 钩针钩织主体，橘色线打圈起钩长针，第1圈钩12针，然后按图解所示钩花样，钩6cm后，织片变成往返编织，大拇指侧按图解所示减针，钩4cm，织片余下20针。

2. 钩针钩织拇指，橘色线打圈起钩长针。第1圈钩6针，然后按图解所示钩花样，钩4行后，织片变成往返编织，主体侧按图解所示减针，钩至9行，织片余下8针，然后与主体对应缝合。

3. 沿边棒针挑起32针，环形编织双罗纹，织6cm后，收针断线。

4. 沿边钩织1圈花边，如图解所示。相反的方向编织另一支手套，再钩织长约100cm绳子将两只手套连接。

5. 按小老虎花样图解钩织2个老虎，分别缝合于手套背部。手套编织完成。

手套手腕花样

手套主体花样

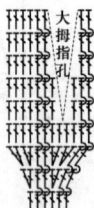

手套拇指花样

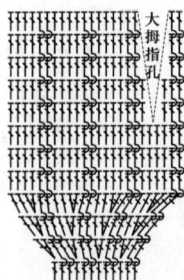

老虎花样

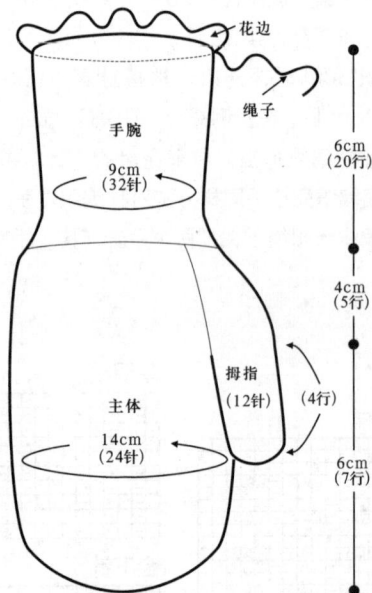

手套结构图

【046】

【成品尺寸】 手套长 18cm 宽 8cm

【工　　具】 8 号棒针

【材　　料】 咖啡色、黄色、橙色羊毛线各 30g

【密　　度】 10cm² = 20 针 × 28 行

【制作过程】

1. 右手：咖啡色线从手套口起织，起 28 针，圈织 4cm 单罗纹后，改织全下针，并在两侧各加 2 针，共 32 针，并按彩图配色。

2. 织 3cm 时，开始分拇指针数，留 8 针用线穿起来，余下针数平加 4 针后，继续编织手掌部，织 8cm 后，在两侧减针，方法是：每 2 行减 2 针减 4 次，共减 16 针，余下 16 针，全部针数用线抽紧。

3. 开始编织拇指，原来穿起的 8 针，再加 4 针，共 12 针，圈织 4cm 全下针，全部针数用线抽紧，手套编织完成。同样方法对称编织左手。

4. 分别用黄色线和橙色线，用双线绕 70 圈，用线在中间扎紧，剪成球状，做成直径 6cm 的绒球，共做 4 个，缝到手背上。再编织一根绳子，把两个手套连接。手套编织完成。

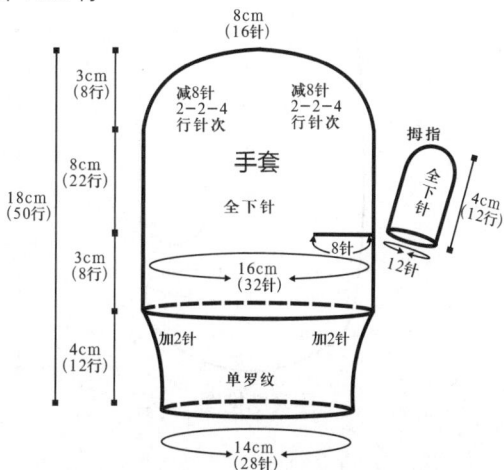

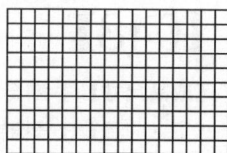

全下针

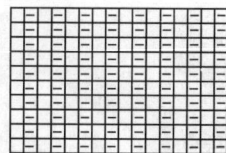

单罗纹

【047】

【成品尺寸】 手套长 15cm 宽 5.5cm

【工　　具】 2.5mm 棒针 2.0mm 钩针

【材　　料】 橘色中细棉线 100g 绿色中细棉线 10g

【密　　度】 10cm² = 32.7 针 × 33.3 行

【制作过程】

1. 橘色线棒针编织主体，从手腕起织，织 36 针，环织双罗纹，织 6cm 后，开始编织手掌，继续织 3cm 双罗纹，在拇指侧留起 4 针，次行同一位置加起 4 针，继续织 16 行，将织片均匀减成 18 针，再织 4 行，均匀减成 9 针，再织 2 行后，用线尾串起束状收紧。

2. 棒针编织拇指，沿主体留起的拇指孔挑织 8 针，织双罗纹，织 2.5cm 后，用线尾串起束状收紧。

3. 绿色线沿边钩织 1 圈花边，如图解所示。相反的方向编织另一只手套，再钩织长约 100cm 绳子将两只手套连接。手套编织完成。

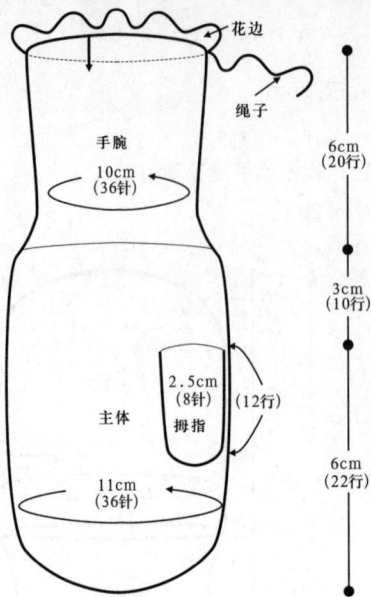

花边

绳子

手腕
10cm
(36针)

主体

2.5cm
(8针)

拇指

(12行)

11cm
(36针)

手套结构图

6cm
(20行)

3cm
(10行)

6cm
(22行)

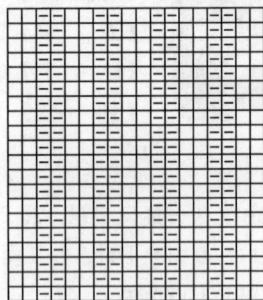

双罗纹

花边

【048】

【成品尺寸】手套长 17cm 宽 8cm

【工　　具】8 号棒针

【材　　料】黄色羊毛线 100g

【密　　度】10cm² = 20 针 × 28 行

【制作过程】

1. 从手套口起织，起 28 针，圈织 12 行单罗纹后，改织全下针，手掌织全下针，手背织花样，并在两侧各加 2 针，共 32 针。

2. 织 8 行时，开始分拇指针数，留 8 针用线穿起来，余下针数平加 4 针后，继续编织手掌部，织 20 行后，在两侧减针，方法是：每 2 行减 2 针减 4 次，共减 16 针，余下 16 针，全部针数用线抽紧。

3. 开始编织拇指，原来穿起的 8 针，再加 4 针，共 12 针，圈织 12 行全下针，全部针数用线抽紧，手套编织完成。同样方法对称编织左手。

4. 编织一根绳子，把两个手套连接。手套编织完成。

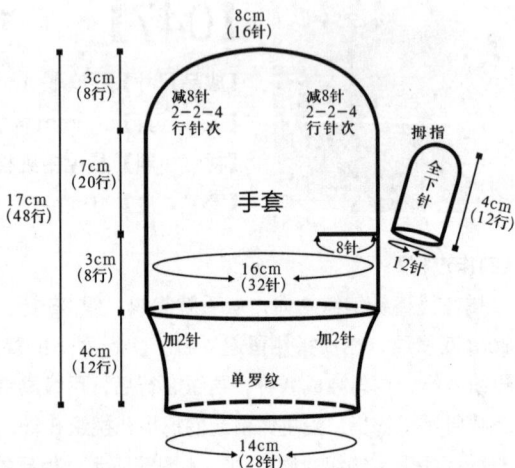

8cm
(16针)

3cm
(8行)

减8针
2-2-4
行针次

减8针
2-2-4
行针次

拇指

全下针

4cm
(12行)

7cm
(20行)

手套

17cm
(48行)

8针

12针

3cm
(8行)

16cm
(32针)

4cm
(12行)

加2针

加2针

单罗纹

14cm
(28针)

单罗纹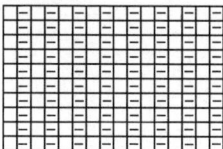

全下针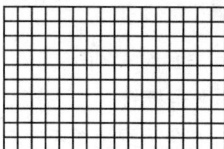

花样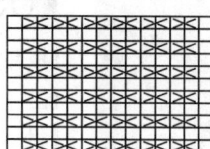

【049】

【成品尺寸】手套长 16cm 宽 8cm

【工　　具】8 号棒针

【材　　料】蓝色羊毛线 150g

【密　　度】10cm² = 20 针 × 28 行

【制作过程】

1. 右手:从手套口起织,起 28 针,圈织 4cm 单罗纹后,改织全下针,手背织花样,并在两侧各加 2 针,共 32 针。

2. 织 3cm 时,开始分拇指针数,留 8 针用线穿起来,余下针数平加 4 针后,继续编织手掌部,织 6cm 后,在两侧减针,方法是:每 2 行减 2 针减 4 次,共减 16 针,余下 16 针,全部针数用线抽紧。

3. 开始编织拇指,原来穿起的 8 针,再加 4 针,共 12 针,圈织 4cm 全下针,全部针数用线抽紧,手套编织完成。同样方法对称编织左手。

4. 用双线绕 70 圈,用线在中间扎紧,剪成球状,做成直径 6cm 的绒球,共做 2 个,缝到手背上。再编织一根绳子,把两个手套连接。手套编织完成。

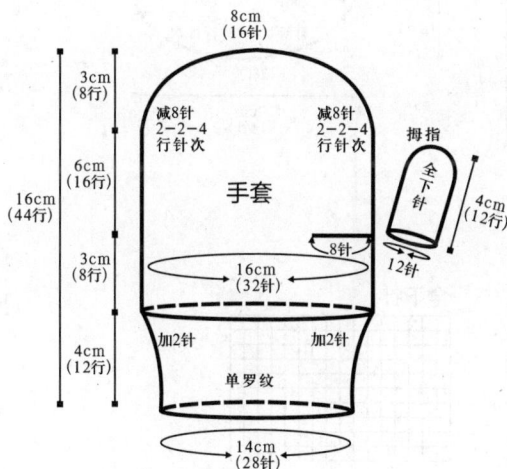

花样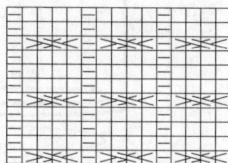

单罗纹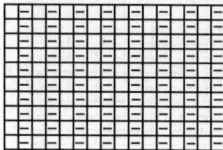

全下针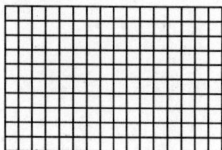

【050】

【成品尺寸】手套长 17cm 宽 7cm

【工　　具】8 号棒针

【材　　料】红色、绿色羊毛线各 50g　白色羊毛线 5g

【密　　度】10cm² = 20 针 ×28 行

【制作过程】

1. 右手：用绿色线从手套口起织，起 28 针，圈织 1cm 单罗纹后，改织全下针。

2. 织 7cm 时，开始分手背和手掌编织。手掌：分出 14 针，织 7cm 后，在两侧减针，方法是：每 2 行减 2 针减 3 次，共减 12 针，余下 2 针收针。手背：分出 14 针，同时两边减针，方法同手掌一样。

3. 手套内侧片另织，用红色线起 2 针，织全下针，两边同时加针，方法是：每 2 行加 2 针加 3 次，至 14 针，织 6cm 时即减针，方法是：每 2 行减 2 针减 3 次，余下 2 针收针，然后缝合到手掌和手背之间，同样方法对称编织左手。

4. 编织一根绳子，把两个手套连接。

5. 缝上眼睛和鼻子，形成青蛙的形状。手套编织完成。

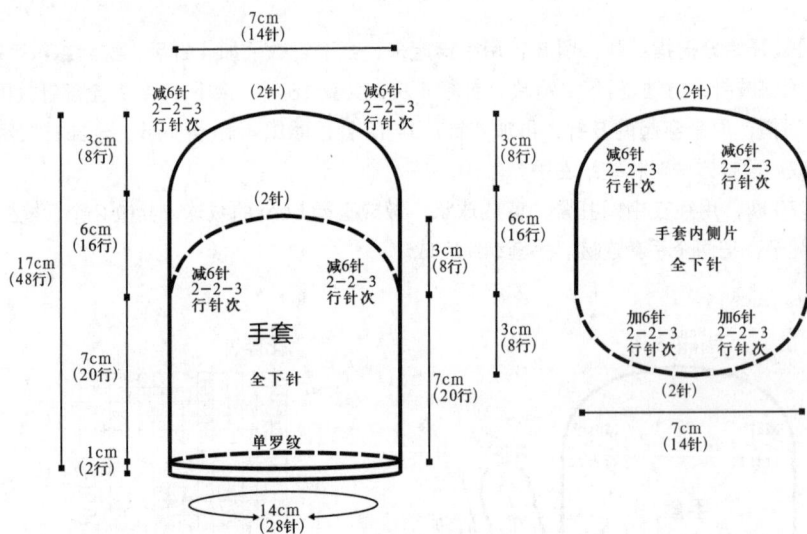

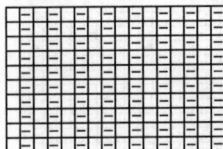

单罗纹

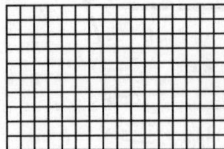

全下针

【051】

【成品尺寸】手套长 16cm 宽 8cm

【工　　具】2.5mm 棒针 2.0mm 钩针

【材　　料】白色中细棉线 100g 咖啡色、白色、红色、黑色中细棉线各 5g

【密　　度】棒针：10cm² : 36 针 ×33.3 行　钩针：10cm² : 45.7 针 × 19 行

【制作过程】

1. 钩针钩织主体，白色线打圈起钩长针，第 1 圈钩 12 针，然后按图解所示钩花样，钩 7cm 后，织片变成往返编织，大拇指侧按图解所示减针，钩 3cm，织片余下 49 针。

2. 钩针钩织拇指，白色线打圈起钩长针。第 1 圈钩 6 针，然后按图解所示钩花样，钩 8 行后，织片变成往返编织，主体侧按图解所示减针，钩至 7cm，织片余下 9 针，然后与主体对应缝合。

3. 沿边棒针挑起 36 针，环形编织双罗纹，织 6cm 后，收针断线。

4. 白色线沿边钩织 1 圈花边，如图解所示。相反的方向编织另一支手套，再钩织长约 100cm 绳子将两只手套连接。

5. 按小熊花样图解钩织 2 个小熊，分别缝合于手套背部。手套编织完成。

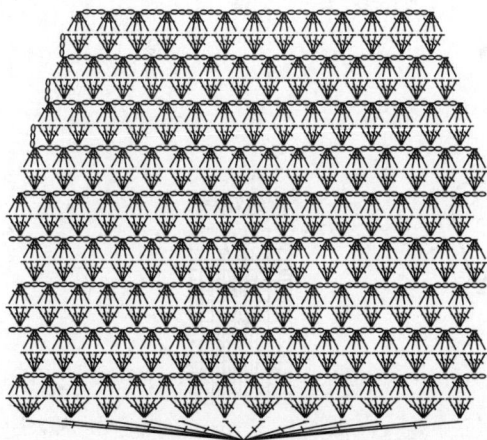

手套主体花样

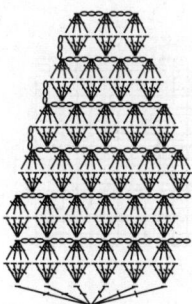

手套拇指花样

手套手腕花样

小熊花样

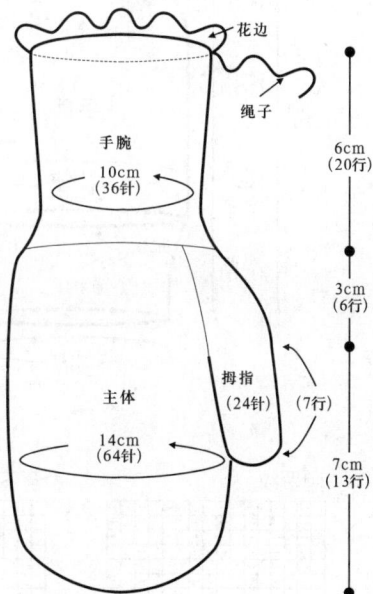

花边

绳子

手腕
10cm
（36针）

6cm
（20行）

3cm
（6行）

拇指
（24针）

（7行）

主体
14cm
（64针）

7cm
（13行）

手套结构图

【052】

【成品尺寸】 手套长 18cm 宽 8cm

【工　　具】 8 号棒针

【材　　料】 橙色羊毛线 100g

【密　　度】 10cm² = 20 针 × 28 行

【制作过程】

1. 右手:从手套口起织,起 28 针,圈织 4cm 单罗纹后,改织全下针,手背织花样,并在两侧各加 2 针,共 32 针。

2. 织 3cm 时,开始分拇指针数,留 8 针用线穿起来,余下针数平加 4 针后,继续编织手掌部,织 8cm 后,在两侧减针,方法是:每 2 行减 2 针减 4 次,共减 16 针,余下 16 针,全部针数用线抽紧。

3. 开始编织拇指,原来穿起的 8 针,再加 4 针,共 12 针,圈织 4cm 全下针,全部针数用线抽紧,手套编织完成。同样方法对称编织左手。

4. 编织一根绳子,把两个手套连接。手套编织完成。

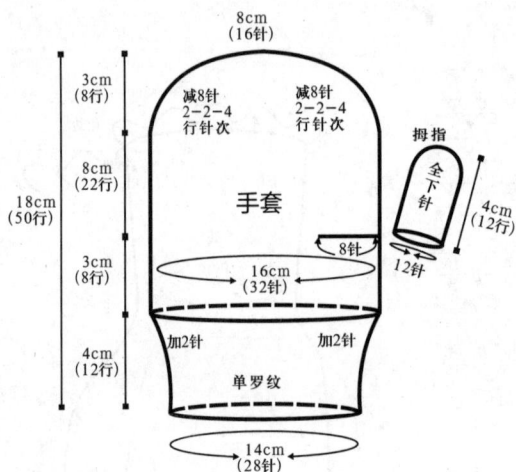

金鱼花样

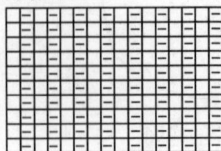

单罗纹

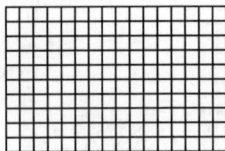

全下针

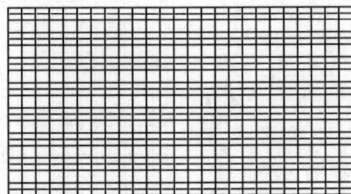

花样

【053】

【成品尺寸】 手套长 18cm 宽 8cm

【工　　具】 8 号棒针

【材　　料】 红色羊毛线 100g 白色线 5g

【密　　度】 $10cm^2$=20 针 ×28 行

【制作过程】

1. 手套（右手）

(1) 从手套口起织，起 28 针，圈织 4cm 单罗纹后，改织全下针，并在两侧各加 2 针，共 32 针，并按彩图配色。

(2) 织 3cm 时，开始分拇指针数，留 8 针用线穿起来，余下针数平加 4 针后，继续编织手掌部，织 8cm 后，在两侧减针，方法是：每 2 行减 2 针减 4 次，共减 16 针，余下 16 针，全部针数用线抽紧。

(3) 开始编织拇指，原来穿起的 8 针，再加 4 针，共 12 针，圈织 4cm 全下针，全部针数用线抽紧，手套编织完成。同样方法对称编织左手。

2. 织 1 根绳子，把两个手套连接。手套编织完成。

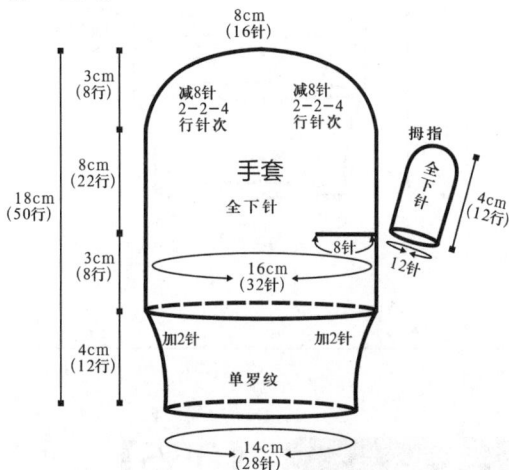

8cm
(16针)

3cm
(8行)

减8针
2-2-4
行针次

减8针
2-2-4
行针次

拇指

全
下
针

4cm
(12行)

8cm
(22行)

手套
全下针

18cm
(50行)

8针

12针

3cm
(8行)

16cm
(32针)

4cm
(12行)

加2针

加2针

单罗纹

14cm
(28针)

单罗纹

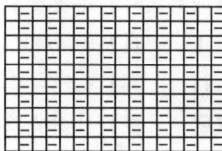

全下针

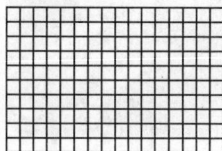

【054】

【成品尺寸】 手套长 15cm 宽 7cm

【工　　具】 8 号棒针

【材　　料】 玫红色羊毛线 100g

【密　　度】 $10cm^2$=28 针 ×32 行

【制作过程】

1. 右手：从手套口起织，起 34 针，圈织 4cm 单罗纹后，改织全下针，手掌织全下针，手背织花样，并在两侧各加 2 针，共 38 针。

2. 织 4cm 时，开始分拇指针数，留 8 针用线穿起来，余下针数平加 4 针后，继续编织手掌部，织 5cm 后，在两侧减针，方法是：每 2 行减 2 针减 4 次，共减 16 针，余下 22 针，全部针数用线抽紧。

3. 开始编织拇指，原来穿起的 8 针，再加 4 针，共 12 针，圈织 12 行全下针，全部针数用线抽紧，手套编织完成。同样方法对称编织左手。手套编织完成。

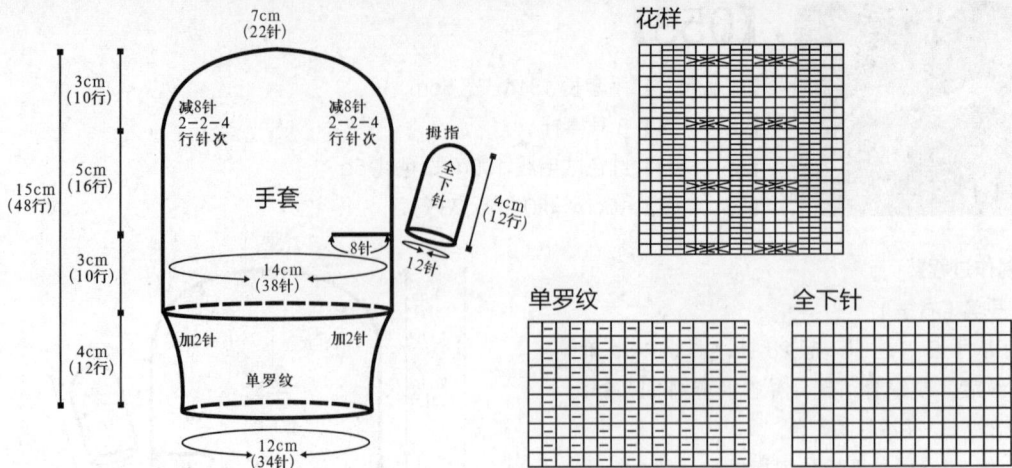

7cm
(22针)

3cm
(10行)

减8针
2-2-4
行针次

减8针
2-2-4
行针次

拇指

全
下
针

4cm
(12行)

15cm
(48行)

5cm
(16行)

手套

3cm
(10行)

8针

12针

14cm
(38针)

4cm
(12行)

加2针

加2针

单罗纹

12cm
(34针)

花样

单罗纹

全下针

【055】

【成品尺寸】手套长 20cm 宽 8cm

【工　　具】8 号棒针

【材　　料】咖啡色羊毛线 50g 黄色、红色线各 10g

【密　　度】10cm² = 20 针 × 28 行

【制作过程】

1. 手套（右手）

(1) 从手套口起织，起 32 针，圈织 4cm 单罗纹后，改织全下针。

(2) 织 4cm 时，开始分手背和手掌编织，并配色。手掌：分出 16 针，织 9cm 后，在两侧减针，方法是：每 2 行减 2 针减 3 次，共减 12 针，余下 4 针收针。手背：分出 14 针，同时两边减针，方法同手掌一样。

(3) 手套内侧片另织，用红色线起 4 针，织全下针，两边同时加针，方法是：每 2 行加 2 针加 3 次，至 14 针，织 9cm 时即减针，方法是：每 2 行减 2 针减 3 次，余下 4 针收针，然后缝合到手掌和手背之间，同样方法对称编织左手。

2. 编织 1 根绳子，把两个手套连接。手套编织完成。

单罗纹

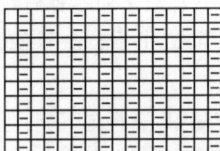

全下针

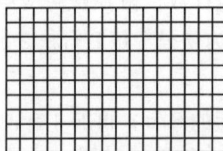

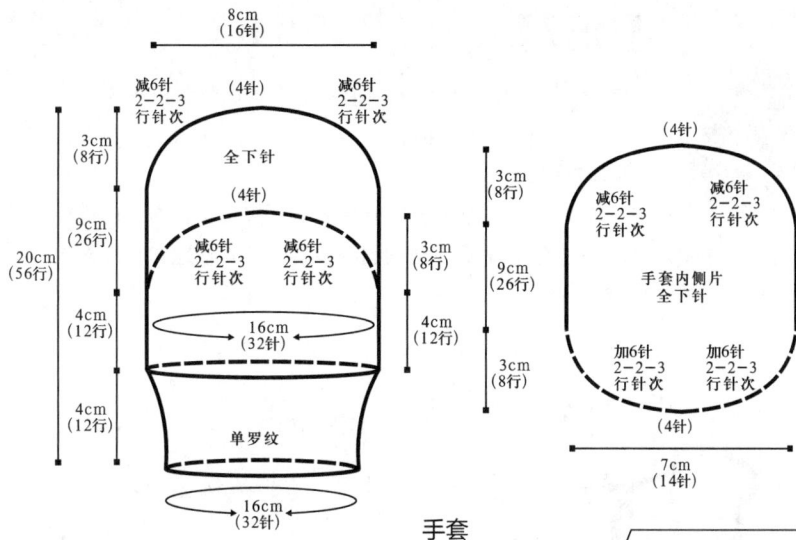

8cm
(16针)

减6针
2-2-3
行针次
(4针)

减6针
2-2-3
行针次

全下针
(4针)

3cm
(8行)

9cm
(26行)

20cm
(56行)

减6针
2-2-3
行针次

减6针
2-2-3
行针次

3cm
(8行)

4cm
(12行)

16cm
(32针)

3cm
(8行)

9cm
(26行)

4cm
(12行)

3cm
(8行)

4cm
(12针)

单罗纹

16cm
(32针)

手套

(4针)

减6针
2-2-3
行针次

减6针
2-2-3
行针次

手套内侧片
全下针

加6针
2-2-3
行针次

加6针
2-2-3
行针次

(4针)

7cm
(14针)

【056】

【成品尺寸】手套长 18cm 宽 8cm

【工　　具】8 号棒针

【材　　料】绿色羊毛线 100g 黄色线 20g

【密　　度】10cm² = 20 针 × 28 行

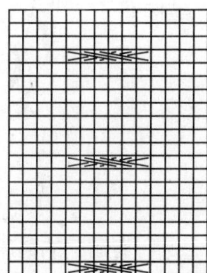

花样

【制作过程】

1. 手套 (右手)

(1) 从手套口起织，起 28 针，圈织 4cm 单
罗纹后，改织全下针，并配色，手掌织全
下针，手背织花样，并在两侧各加 2 针，
共 32 针。

(2) 织 3cm 时，开始分拇指针数，留 8 针
用线穿起来，余下针数平加 4 针后，继续
编织手掌部，织 8cm 后，在两侧减针，
方法是：每 2 行减 2 针减 4 次，共减 16 针，
余下 16 针，全部针数用线抽紧。

(3) 开始编织拇指，原来穿起的 8 针，再加
4 针，共 12 针，圈织 4cm 全下针，全部
针数用线抽紧，手套编织完成。同样方法
对称编织左手。

2. 编织 1 根绳子，把两个手套连接。手套
编织完成。

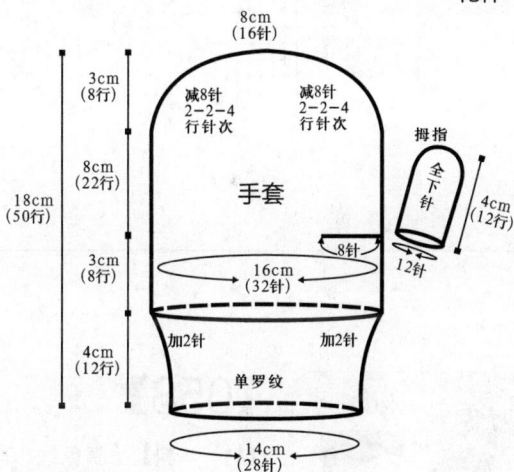

8cm
(16针)

3cm
(8行)

减8针
2-2-4
行针次

减8针
2-2-4
行针次

拇指

全下针

8cm
(22行)

18cm
(50行)

手套

4cm
(12行)

3cm
(8行)

16cm
(32针)

8针

12针

4cm
(12行)

加2针

加2针

单罗纹

14cm
(28针)

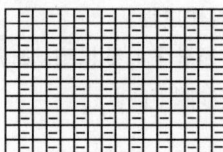

单罗纹

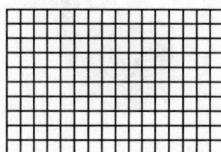

全下针

119

【057】

【材　　料】蓝色线 100g　白色线 10g　黑色纽扣 4 枚
【工　　具】2.5mm 钩针
【制作过程】
按照鞋子的结构从鞋子的鞋底起针，接着钩鞋面，再钩鞋后跟的鞋环，最后钩 1 条锁针链穿在结构图的位置，钉 4 枚纽扣在鞋面上，具体钩法参照下图。

结构图

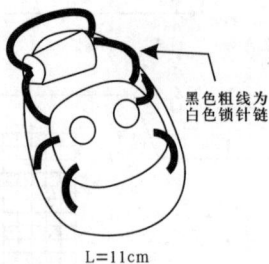

黑色粗线为
白色锁针链

L=11cm

鞋面的钩法：

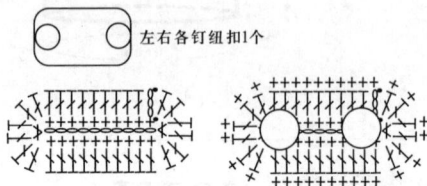

左右各钉纽扣1个

鞋后跟的鞋环的钩法：

以鞋后跟中线
为中点，钩6针
短针共8行

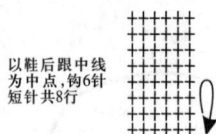

鞋底的钩法：

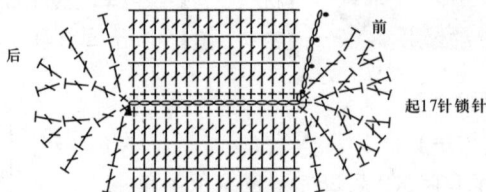

后　　　　　　　　　　　前

起17针锁针

【058】

【材　　料】土黄色线 100g　蓝色线 20g
【工　　具】2.5mm 钩针
【制作过程】
按照鞋子的结构图从鞋底起针，接着钩鞋面，再钩鞋后跟和鞋带。具体做法参照下图。

结构图

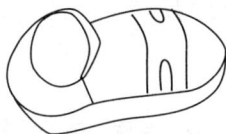

L=11cm

鞋底的钩法：

土黄色

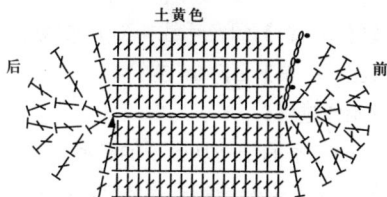

后　　　　　　　　　　　　前

起17针锁针

鞋面的钩法：

蓝色

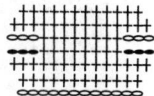

在黑线位置钩1行土黄色短针

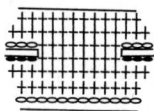

鞋带的钩法：

鞋带钩1行长针环绕鞋后跟　　　　　蓝色

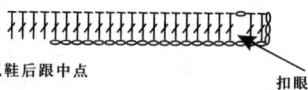

没有锁针部分接从鞋底钩起的第3行长针，以鞋后跟中点
为中线共钩15针。

扣眼

【059】

【材　　　料】红色线 80g　白色线 20g　珠子 2 颗
【工　　　具】2.5mm 钩针
【制作过程】
按照鞋子的结构从鞋子的鞋底起针，接着在结构图中的黑线处钩鞋面，钉
红色小花和珠子的时候用线缝住鞋面中线，参照鞋带的钩法勾鞋带，具体
钩法参照下图。

黑线为鞋带

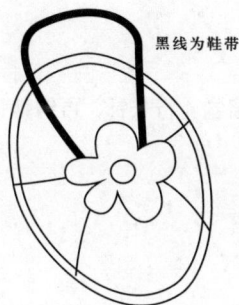

L=11cm

结构图

鞋底的钩法：

红色

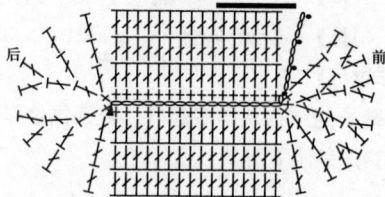

后　　　　　　　　　　　　前

起17针锁针

鞋带的钩法：

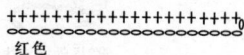

红色

鞋面花的钩法：

红色

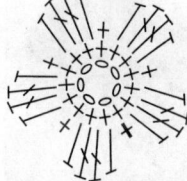

鞋面的钩法：

中线

白色

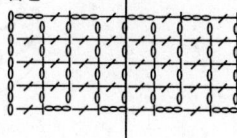

【060】

【材　　料】绿色毛线 100g　白线 20g　白色纽扣 2 枚

【工　　具】2.5mm 钩针

【制作过程】

按照鞋子的结构从鞋子的鞋底起针，接着钩鞋面连鞋后跟，最后用白线在鞋面上钉 2 枚纽扣，具体钩法参照下图。

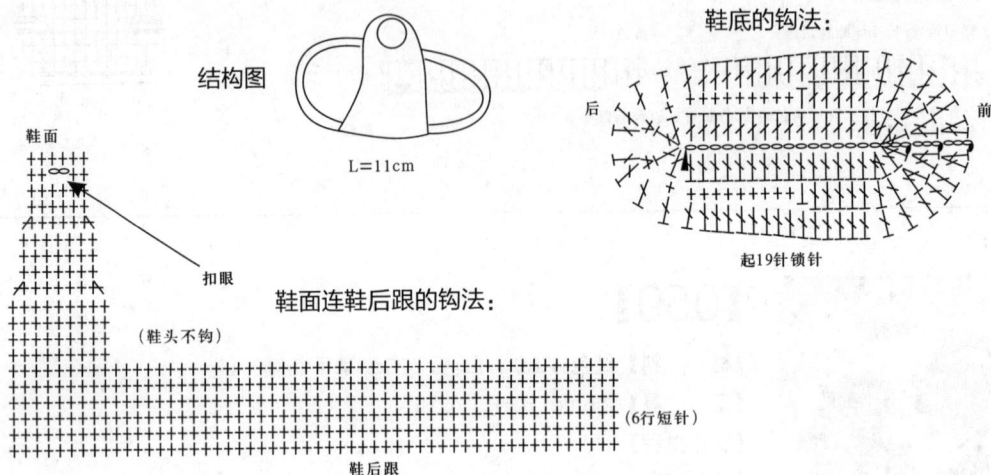

鞋底的钩法：

结构图

L=11cm

后　　　　　　前

起19针锁针

鞋面

扣眼

鞋面连鞋后跟的钩法：

（鞋头不钩）

（6行短针）

鞋后跟

【061】

【材　　料】蓝色线 50g　黑色线 50g　纽扣 2 枚

【工　　具】1.5mm 钩针

【制作过程】

按照鞋子的结构从鞋底起针，鞋面围绕鞋底 1 圈钩 4 行长针，再钩鞋带，具体钩法参照下图。

结构图

鞋面

L=11cm

鞋带的钩法：

系组扣1个

第2行蓝色长针处起针钩1条辫子，约21针锁针

鞋底的钩法：

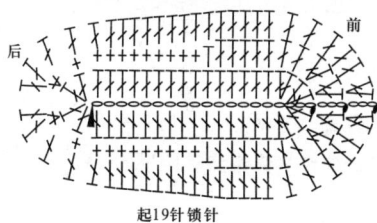

前

后

起19针锁针

鞋面的钩法：

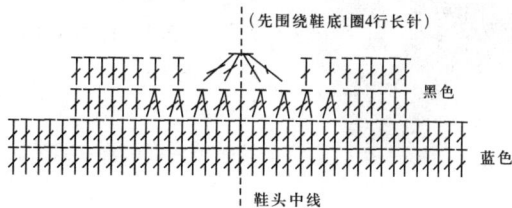

（先围绕鞋底1圈4行长针）

黑色

蓝色

鞋头中线

【062】

【材　　料】紫色线 100g　淡紫色线、黑色线、白色线和黄色线各 10g
【工　　具】2.5mm 钩针
【制作过程】
按照鞋子的结构图从鞋底起针，接着钩鞋带，由 1 行锁针和 1 行短针组成，再钩鞋环，最后钩 2 个小花装饰在鞋面，具体做法参照下图。

结构图

L=11cm

鞋带的钩法：

结构图中黑色线的钩法

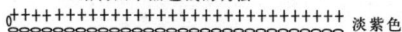

淡紫色

鞋底的钩法：

紫色

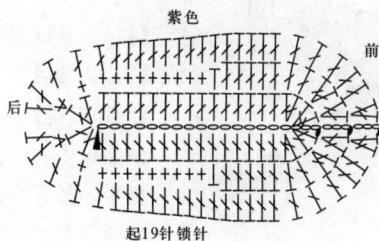

前

后

起19针锁针

鞋面上花的钩法：

用黄色毛线为花芯，白色毛线为花瓣，具体钩法如下：

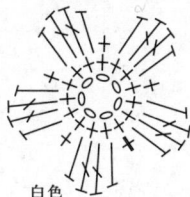

黄色　　　　15 黄色　　　　白色

鞋后跟的鞋环的钩法：

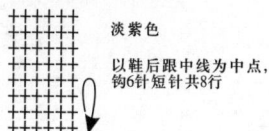

淡紫色

以鞋后跟中线为中点，钩6针短针共8行

123

【063】

【材　　料】 紫色毛线 90g　白色、深紫色毛线各 10g　纽扣 2 枚
【工　　具】 1.5mm 钩针
【制作过程】
按照鞋子的结构从鞋底起针，接着钩鞋面，然后钩鞋后跟连鞋带，钩 2 个花朵缝合在鞋面和鞋带之间，钉纽扣 2 枚，具体做法参照下图。

结构图

L=11cm

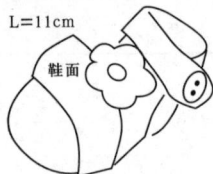

鞋面

鞋面的钩法：

（钩8行短针）　2行紫色2行深紫色

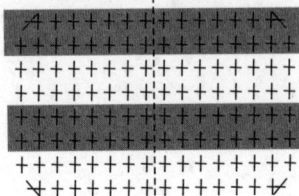

鞋头中线

鞋后跟连鞋带的钩法：

紫色　（围绕脚后跟钩6行短针，第7-9行为鞋带）

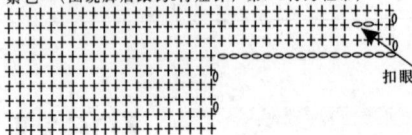

扣眼

鞋底的钩法：

紫色

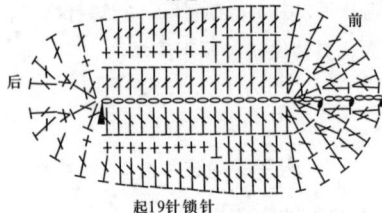

后　　前

起19针锁针

鞋面上花的钩法：

用紫色毛线为花芯，白色毛线为花瓣，具体钩法如下：

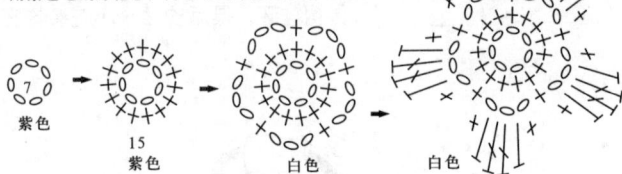

7
紫色

15
紫色

白色

白色

【064】

【材　　料】 紫色毛线 80g　白色、粉色线各 20g
【工　　具】 2.5mm 钩针
【制作过程】
按照鞋子的结构从鞋子的鞋底起针，接着围绕鞋底钩鞋面，再钩鞋后跟与鞋带，然后钩鞋面花朵装饰鞋面，最后在鞋底侧绣 1 行紫色线，具体钩法参照下图。

结构图

L=11cm

鞋后跟

鞋带
为锁针

鞋面

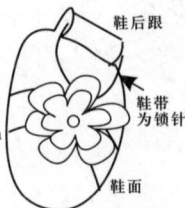

鞋面的钩法：

连接在鞋底钩法的黑粗线位置

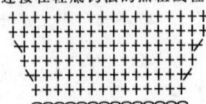

鞋面上花的钩法：

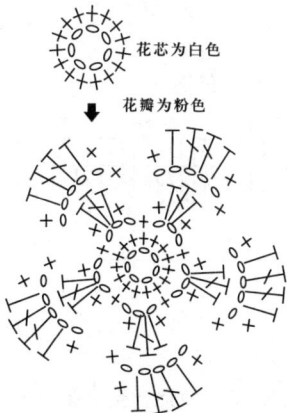

：花芯为白色

花瓣为粉色

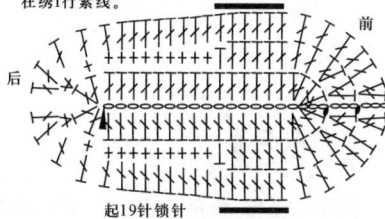

鞋后跟的钩法：
鞋底后跟中线为中心，
鞋底起针与结束成圈
钩8针6行

鞋底的钩法：

鞋底紫色,围绕鞋底外围1圈钩1行短针,最后在短针
在绣1行紫线。

后

前

起19针锁针

【065】

【材　　料】粉红色线 100g　纽扣 4 枚

【工　　具】1.5mm 钩针

【制作过程】

按照鞋子的结构从鞋底起针，接着钩鞋高，再钩鞋面，最后钩鞋带。参照
鞋面花的钩法钩 2 个花装饰在鞋面上，具体做法参照下图。

鞋面 2 个花的钩法：

结构图

L＝11cm　　鞋面

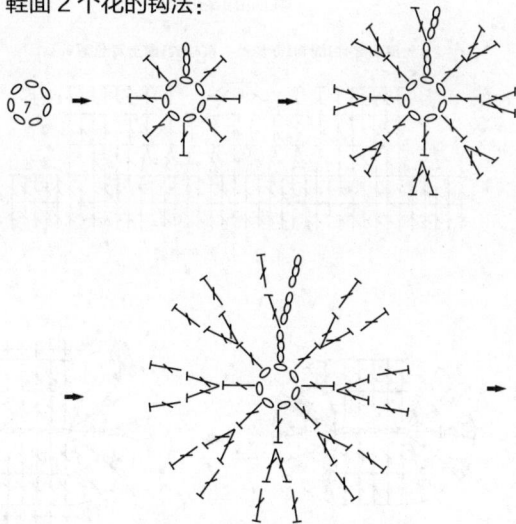

鞋底的钩法：

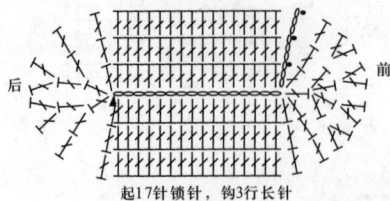

后 前

起17针锁针，钩3行长针

4 个鞋带的钩法：

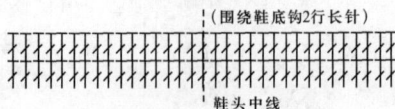

扣眼

鞋高的钩法：

（围绕鞋底钩2行长针）

鞋头中线

【066】

【材　　料】黄色线 50g　土黄色线 50g　黑线 10g　黄色丝带 2 条

【工　　具】1.5mm 钩针

【制作过程】

按照鞋子的结构从鞋底起针，接着钩鞋面连鞋后跟，然后钩老虎的头部，用黑色毛线缝出老虎的脸部表情，最后穿黄色丝带，具体做法参照下图。

蝴蝶结

虎头

结构图

L=11cm

鞋底的钩法：

后 前

起17针锁针钩3行长针

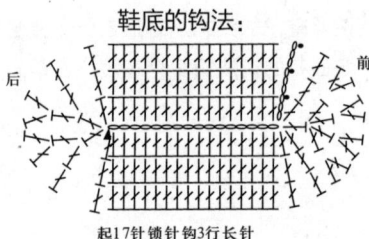

用黑色毛线缝出
脸部表情

王

丝带的钩法：

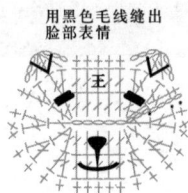

鞋后跟中线

鞋面的钩法：

（先围绕鞋底1圈钩5行长针，鞋口钩1圈土黄色短针）

黄色
黑色
黄色
黑色
黑色

鞋头中线

虎头的钩法：

土黄色毛线钩老虎的头部装饰在鞋面上，
具体钩法如下：

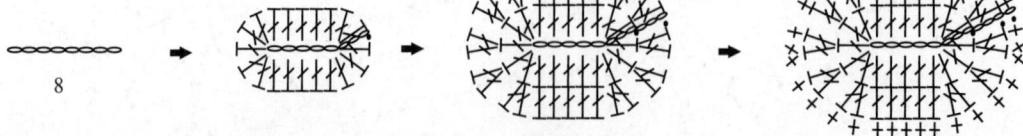

【067】

【材　　料】杏色线 100g 白色、黑色线和红色线各 10g 黑色纽扣 4 枚

【工　　具】2.5mm 钩针

【制作过程】

按照鞋子的结构图从鞋后跟中线起针，钩鞋子后半部分，参照鞋头连前半部分鞋底和鞋面的钩法，钩针鞋子前半部分，然后在鞋口钩 1 行红色短针，最后钩耳朵，缝合纽扣和嘴巴。具体做法参照下图。

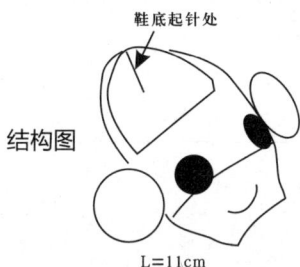

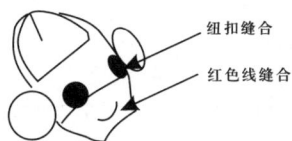

鞋底起针处

纽扣缝合

红色线缝合

结构图

L=11cm

鞋底连鞋侧的钩法：

钩6行长针，每行20针后对折，一边拼合，另外一边接鞋面

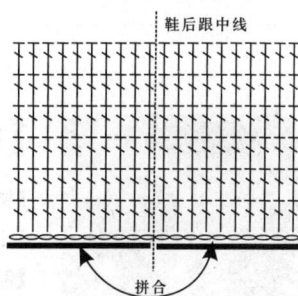

鞋后跟中线

拼合

鞋头连前半部分鞋底和鞋面的钩法：

第5行长针的20针与鞋底连鞋侧的20针拼合

2 只耳朵的钩法：

16针长针和短针

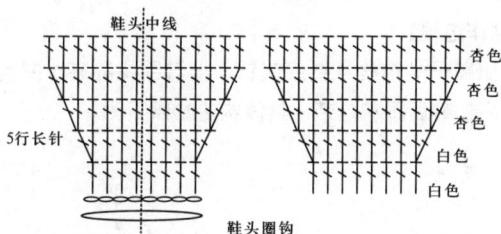

鞋头中线

5行长针

杏色
杏色
杏色
白色
白色

鞋头圈钩

【068】

【材　　料】蓝色线 100g 白色线 10g

【工　　具】1.5mm 钩针

【制作过程】

按照鞋子的结构从鞋底起针，鞋面为半圆形，再用钩针钩鞋带，具体钩法参照下图。

鞋面

结构图

L=11cm

鞋口花边的钩法：

蓝色

鞋底的钩法：

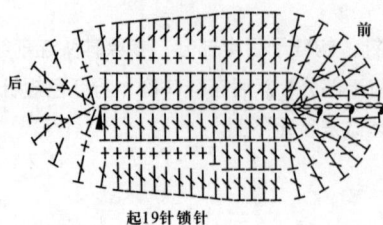

前

后

起19针锁针

鞋面的钩法：

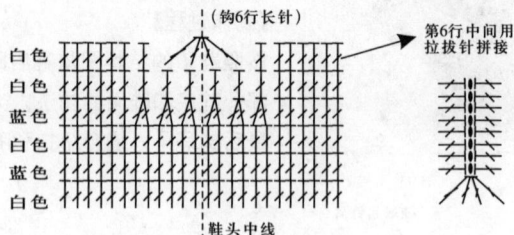

（钩6行长针）

白色
白色
蓝色
白色
蓝色
白色

鞋头中线

第6行中间用
拉拔针拼接

【069】

【材　　料】蓝色线 80g　黑色线 20g　纽扣 4 枚

【工　　具】1.5mm 钩针

【制作过程】

按照鞋子的结构从鞋底起针，接着围绕鞋底 1 圈钩 2 行短针，再钩鞋面，最后钩鞋后跟和鞋带，具体钩法参照下图。

L=11cm

结构图

鞋面的钩法：

（先围绕鞋底1圈钩2行短针）

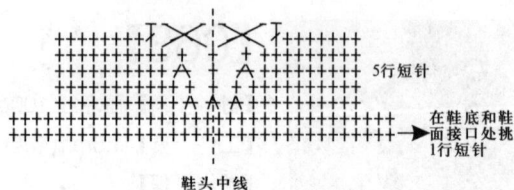

5行短针

在鞋底和鞋
面接口处挑
1行短针

鞋头中线

鞋带的钩法：

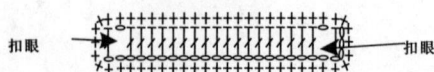

扣眼

扣眼

鞋后跟的钩法：

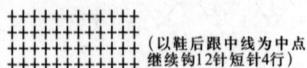

（以鞋后跟中线为中点
继续钩12针短针4行）

鞋底的钩法：

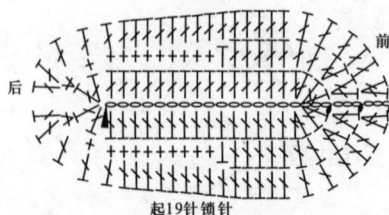

前

后

起19针锁针

128

【070】

【材　　料】白色毛线 100g 蓝色线 50g
【工　　具】2.5mm 钩针
【制作过程】
按照鞋子的结构从鞋子的鞋底起针,接着钩鞋面,再钩鞋后跟,用白色毛线钩 2 条鞋带,具体钩法参照下图。

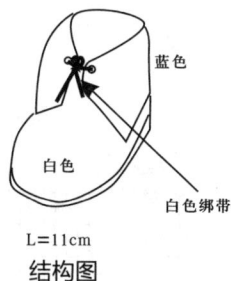

L=11cm
结构图

鞋后跟的钩法:
(围绕鞋底钩12行短针,每行35针)　　蓝色

鞋底的钩法:

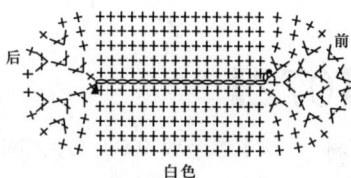

白色

鞋面的钩法:
(围绕鞋底钩3行短针,中间1行为红色)

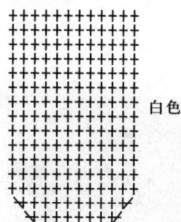

白色

【071】

【材　　料】杏色毛线 100g 绿色毛线 10g 纽扣 4 枚
【工　　具】2.5mm 钩针
【制作过程】
按照鞋子的结构从鞋子的鞋底起针,接着围绕鞋底钩鞋面,再钩鞋后跟和鞋筒,在鞋筒的搭位和鞋口钩 1 行绿色短针,在鞋底和鞋面之间钩 1 行绿色拉拔针,具体钩法参照下图。

结构图
L=11cm

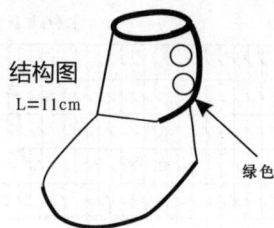

绿色

鞋面的钩法:
(钩8行短针)

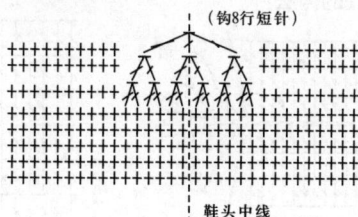

鞋头中线

鞋筒的钩法：

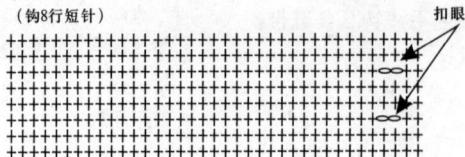

（钩8行短针）

扣眼

鞋底的钩法：

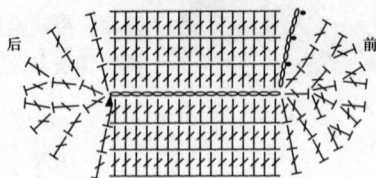

后　　　　　　　前

【072】

【材　　料】灰色线 100g　白色纽扣 4 枚

【工　　具】1.5mm 钩针

【制作过程】

按照鞋子的结构从鞋底起针，接着钩鞋面 7 行短针，再钩鞋筒 6 行长针，最后钉 4 个纽扣，具体钩法参照下图。

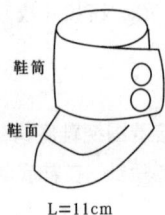

结构图

鞋筒

鞋面

L=11cm

鞋面的钩法：

（钩7行短针）

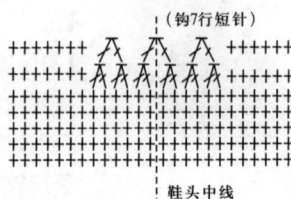

鞋头中线

鞋筒的钩法：

（钩6行长针）

扣眼

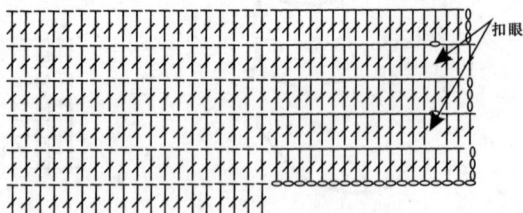

鞋底的钩法：

后　　　　　　　前

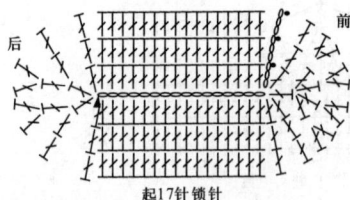

起17针锁针

【073】

【材　　料】黑色线 100g 红色线 20g 纽扣 2 枚

【工　　具】2.5mm 钩针

【制作过程】

按照鞋子的结构从鞋子的鞋底起针，接着钩鞋面，最后钩鞋带。参照立体花的钩法钩 2 个立体花装饰在鞋面上，具体做法参照下图。

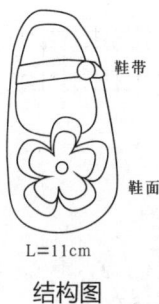

鞋带

鞋面

L=11cm

结构图

鞋面的钩法：

（钩7行短针，中线减针）

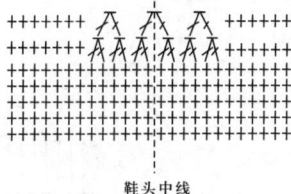

鞋头中线

鞋底的钩法：

后　　　　　前

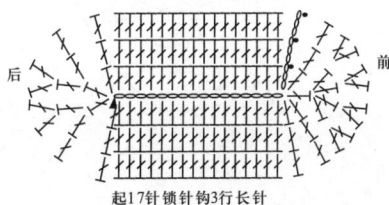

起17针锁针钩3行长针

鞋带的钩法：

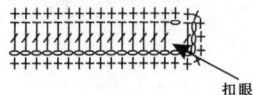

扣眼

立体花 2 个的钩法：

用红色毛线钩2个2层5个花瓣的立体花，具体钩法如下：

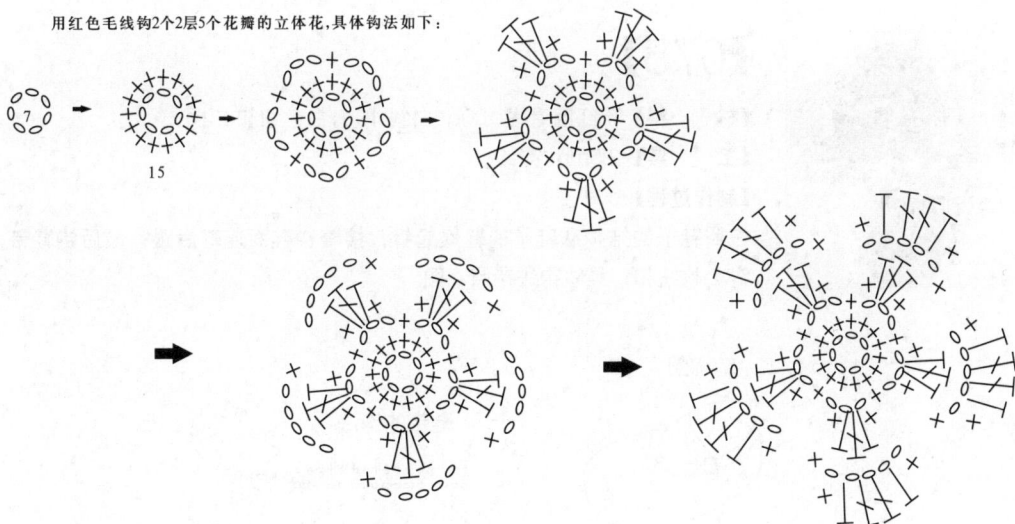

131

【074】

【材　　料】红色毛线 100g 绿色毛线 20g
【工　　具】2.5mm 钩针
【制作过程】
按照鞋子的结构从鞋子的鞋底起针，接着钩鞋面，再钩鞋后跟，最后用绿
色线围绕鞋口钩 4 行短针，在前鞋口中央打蝴蝶结。具体钩法参照下图。

结构图

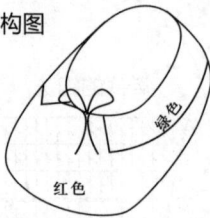

L=11cm
红色
绿色

鞋面的钩法：
红色,逐层减针

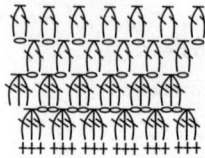

鞋后跟的钩法：
红色短针

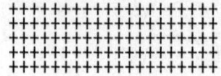

绿色部分的钩法：
反折部分
（钩4行短针）

鞋底的钩法：

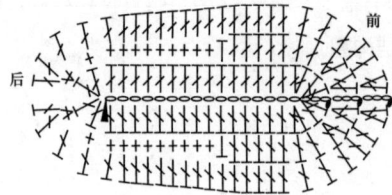

后　　前

【075】

【材　　料】粉红色毛线 100g 白线 10g 白色纽扣 2 枚
【工　　具】2.5mm 钩针
【制作过程】
按照鞋子的结构从鞋子的鞋底起针，接着钩鞋面连鞋后跟，最后钩鞋带，
钉 2 枚纽扣，具体钩法参照下图。

结构图

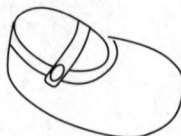

L=11cm

鞋带的钩法：

粉红色
扣眼

鞋面的钩法：

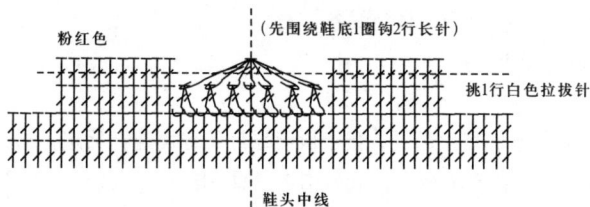

粉红色   （先围绕鞋底1圈钩2行长针）

挑1行白色拉拔针

鞋头中线

鞋底的钩法：

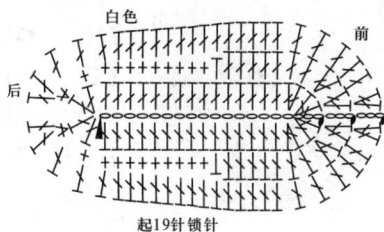

白色   前

后

起19针锁针

【076】

【材　　料】紫色线 100g　粉红、绿色线各 10g　纽扣 2 枚

【工　　具】2.5mm 钩针

【制作过程】

按照鞋子的结构图从鞋底起针，接着钩鞋面连鞋后跟，再钩鞋面上的装饰，绿色叶子 4 片和圆圈 2 个，具体做法参照下图。

结构图

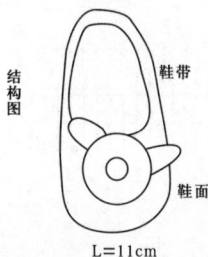

结构图

鞋带

鞋面

L=11cm

鞋底的钩法：

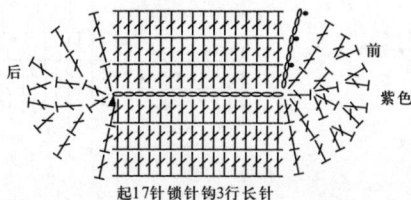

后   前

紫色

起17针锁针钩3行长针

4 片绿色叶子的钩法：

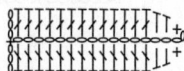

鞋面装饰的钩法：

鞋面连鞋后跟的钩法：

紫色

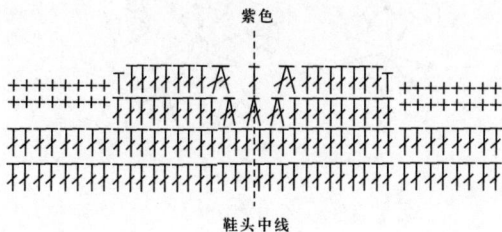

鞋头中线

圆圈的钩法：

粉红色   中间钉1个纽扣

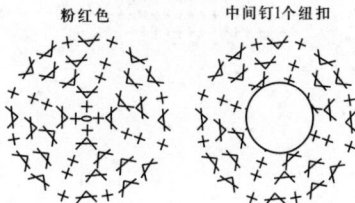

【077】

【材　　料】白色线 80g　绿色、黄色线各 20g
【工　　具】2.5mm 钩针
【制作过程】
按照鞋子的结构从鞋子的鞋底起针，接着围绕鞋底钩鞋面连鞋后跟，再钩
鞋带和花朵，花朵钩完与鞋面缝合，具体钩法参照下图。

结构图

鞋底的钩法：

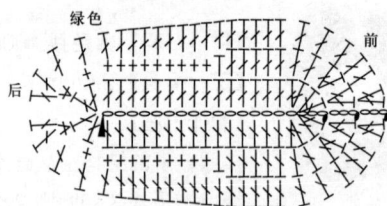

鞋面的钩法：

鞋面连鞋后跟的钩法：

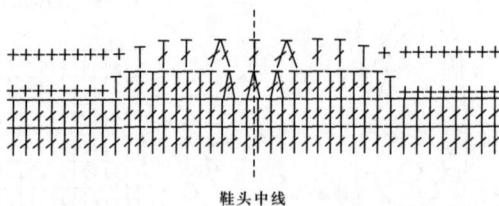

鞋筒的钩法：

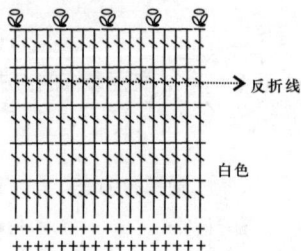

花朵的钩法：

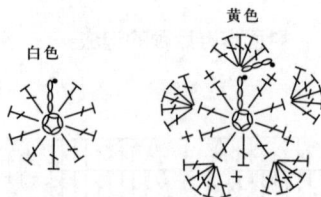

【078】

【材　　料】白色线 100g　黑色、黄色、红色线各 10g　丝带 2 条　黑色珠子若干

【工　　具】2.5mm 钩针

【制作过程】

按照鞋子的结构图从鞋后跟中线起针，钩鞋子后半部分，参照鞋头连前半部分鞋底和鞋面的钩法，钩织鞋子前半部分，然后在鞋口钩 1 行红色短针，最后钩耳朵和缝合纽扣和嘴巴。具体做法参照下图。

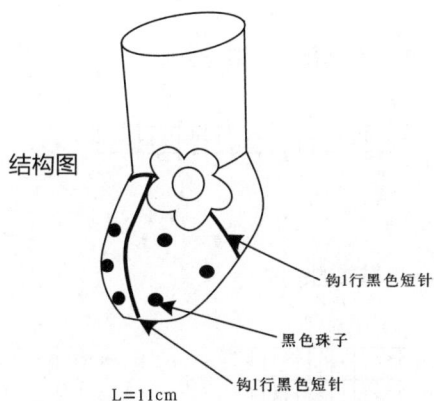

结构图

钩1行黑色短针

黑色珠子

钩1行黑色短针

L=11cm

鞋底的钩法：

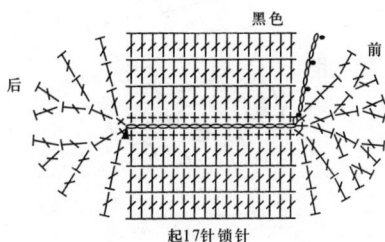

黑色

后　　　前

起17针锁针

鞋筒的钩法：

绿色

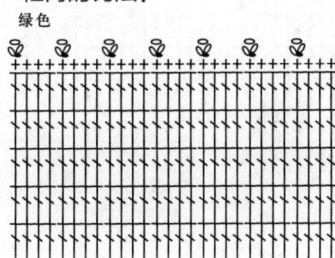

鞋面的钩法：

（先围绕鞋底1圈钩3行长针）

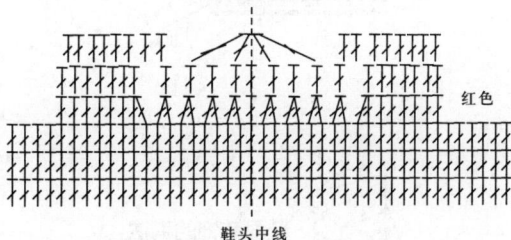

红色

鞋头中线

鞋面花朵的钩法：

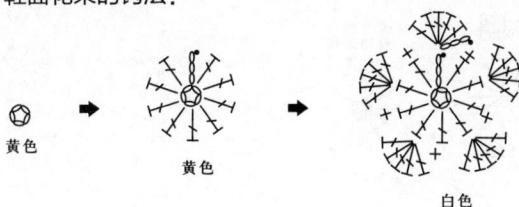

黄色　　→　　黄色　　→　　白色

【079】

【材　　料】红色线 100g 绿色、黑色、橙色、白色、蓝色线各 5g 纽扣 2 枚
【工　　具】2.5mm 钩针
【制作过程】
按照鞋子的结构图从鞋头起针，钩鞋子的前半部分，延伸鞋子的后半部分鞋底，再钩鞋带，最后在鞋面上钩装饰的眼睛、鼻子和小花，具体做法参照下图。

鞋底后半部分钩短针的钩法：

3行短针

结构图

L=11cm

鞋头的钩法：

鞋底

红色
红色
红色
红色
红色

起圆心，圈钩钩20针长针，钩6行

鞋头中线

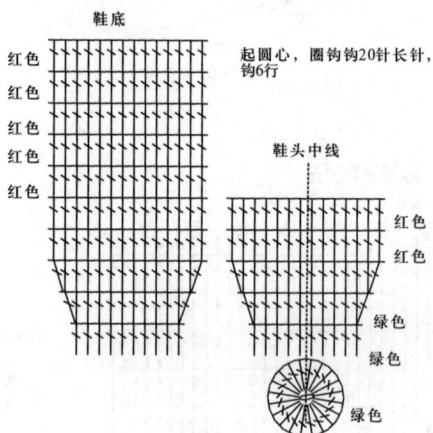

红色
红色
绿色
绿色
绿色

鞋带的钩法：

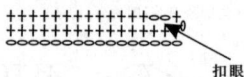

扣眼

鞋面装饰的钩法：

花朵的钩法：

鼻子　　　眼睛　　　黑色线缝出眼珠

橙色　　　白色　　　白色　　　　白色

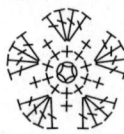

蓝色

【080】

【材　　料】黄色线 100g　红色、黑色、白色线各 5g　粉色丝带 2 条
【工　　具】1.5mm 钩针
【制作过程】
按照鞋子的结构从鞋底起针，接着钩鞋面连鞋后跟，然后钩出 Kitty 的头部，用黑色和红色毛线缝出 Kitty 的脸部表情，最后穿粉色丝带，具体做法参照下图。

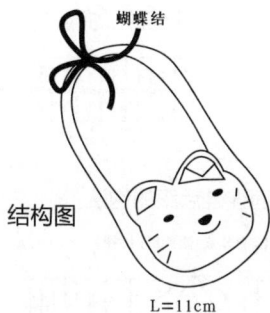

结构图

L=11cm

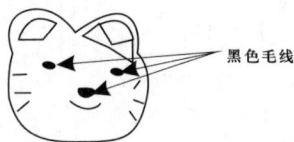

用红色和黑色毛线缝出脸部表情：

黑色毛线

丝带的钩法：

鞋后跟中线

鞋底的钩法：

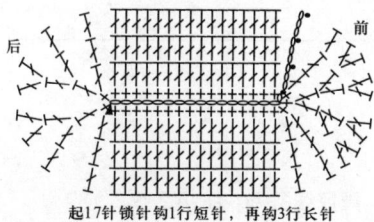

起17针锁针钩1行短针，再钩3行长针

鞋面的钩法：

（先围绕鞋底1圈钩5行黄色长针，鞋口钩1圈红色短针）

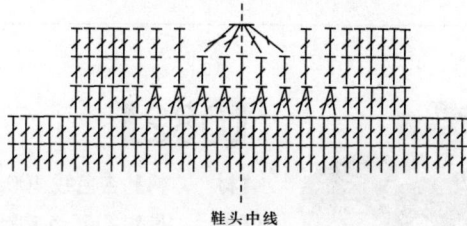

鞋头中线

Kitty 头部的钩法：

用白色和红色毛线钩 Kitty 的头部装饰在鞋面上，具体钩法如下：

灰色线代表红色

【081】

【材　　料】黄色线 80g　灰色线、黑色、橙色线各 10g
【工　　具】2.5mm 钩针
【制作过程】
按照鞋子的结构从鞋子的鞋底起针，接着围绕鞋底钩鞋面连鞋后跟，再钩鞋面贴，接着钩鞋侧面的圆圈，具体钩法参照下图。

鞋底的钩法：

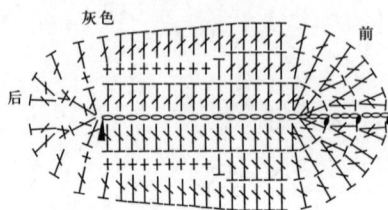

起19针锁针

L=11cm
结构图

鞋侧面贴的钩法：

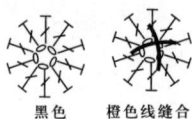

黑色　橙色线缝合

鞋面贴的钩法：

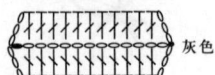

灰色

鞋面连鞋后跟的钩法：

（先围绕鞋底1圈钩2行长针）

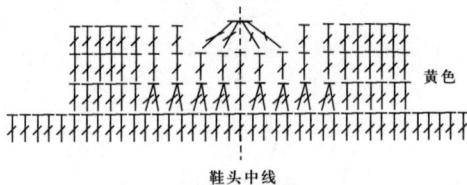

黄色

鞋头中线

【082】

【材　　料】杏色线 100g　褐色、黄色线各 5g　纽扣 2 枚
【工　　具】2.5mm 钩针
【制作过程】
按照鞋子的结构图用杏色线从鞋底起针，钩杏色的鞋面和鞋后跟，再用褐色线钩鞋，在鞋面上钩花朵，褐色花芯和黄色花瓣，再钩鞋带，最后钉上纽扣，具体做法参照下图。

结构图

L=11cm

鞋带

鞋面

鞋后跟的钩法：

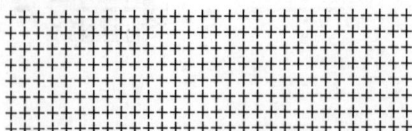

鞋面的钩法：

（围绕鞋头钩如下花样）

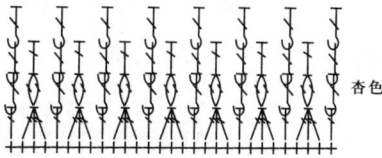

杏色

鞋底的钩法：

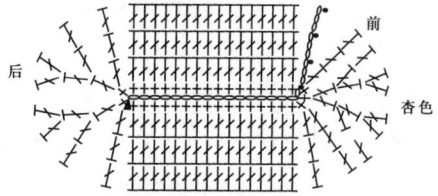

后　前

杏色

先起17针锁针，再钩1行短针，接着钩3行
长针，加针方法参照左图。

鞋面花朵的钩法：

用褐色毛线为花芯，黄色毛线为花瓣，具体钩法如下：

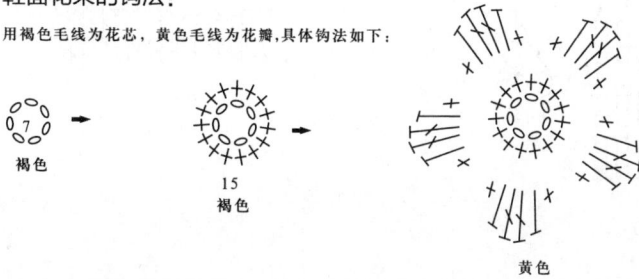

7
褐色

15
褐色

黄色

鞋带的钩法：

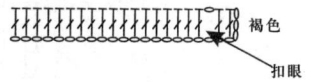

褐色

扣眼

【083】

【材　　料】紫色线 80g　淡紫色线 80g

【工　　具】2.5mm 钩针

【制作过程】

按照鞋子的结构从鞋子的鞋底起针，接着围绕鞋底钩连鞋后跟，再钩鞋面
1 个圆花，再钩鞋筒，鞋筒可以反折，具体钩法参照下图。

鞋面的钩法：

结构图

反折

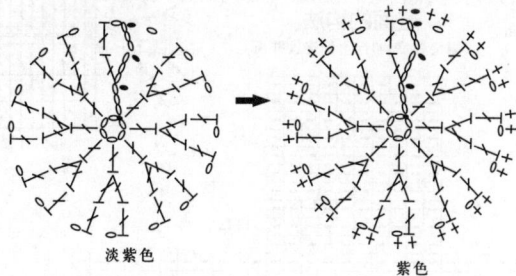

淡紫色　　　　　　　　紫色

鞋高的钩法：

(围绕鞋底1圈钩2行长针)

淡紫色短针

紫色

鞋头中线

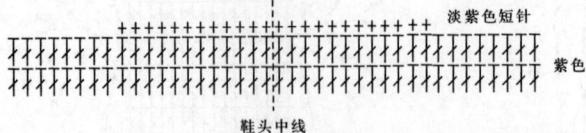

鞋筒的钩法：

淡紫色

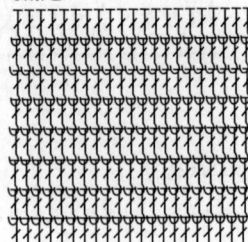

鞋底的钩法：

紫色

后 前

起17针锁针

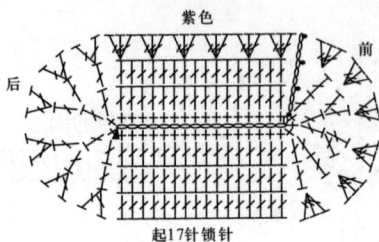

【084】

【材　　料】红色毛线 100g　白色线 50g　绿色线 10g

【工　　具】2.5mm 钩针　10 号棒针

【制作过程】

按照鞋子的结构从鞋子的鞋底起针，接着用棒针编织鞋面连鞋后跟，再编织鞋筒，最后用白线在鞋面与鞋筒之间钩绑带 1 条，具体钩法参照下图。

结构图

L=11cm

鞋面的钩法：

(围绕鞋底钩3行上针连接鞋面)

白色

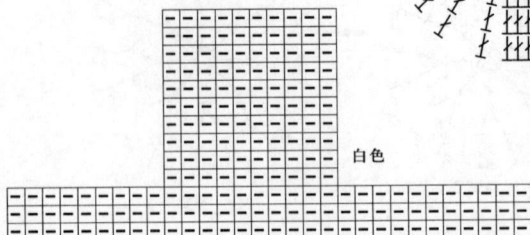

鞋底的钩法：

绿色

后 前

起17针锁针

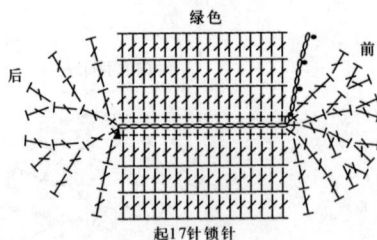

鞋筒的钩法：

红色

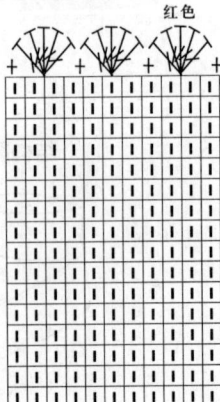

【085】

【材　　料】粉红色毛线 80g　蓝色线 20g　纽扣 2 枚
【工　　具】2.5mm 钩针
【制作过程】
按照鞋子的结构从鞋子的鞋底起针，接着围绕鞋底钩鞋面，再钩鞋后跟与鞋带，然后钩鞋面花朵装饰鞋面，最后在鞋带处钉 2 个纽扣，具体钩法参照下图。

鞋底的钩法：

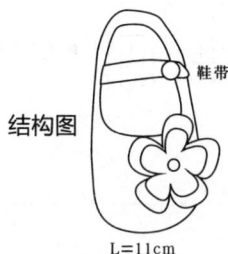

结构图

鞋带

L=11cm

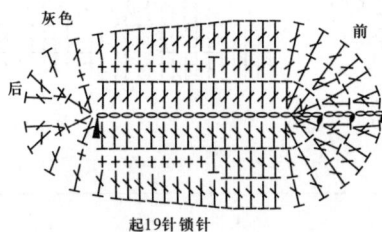

灰色　　　　　　　　　　前

后

起19针锁针

鞋带的钩法：

扣眼

鞋面花朵的钩法：

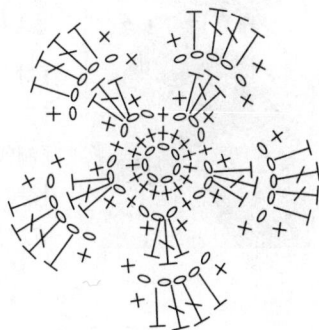

鞋面的钩法：

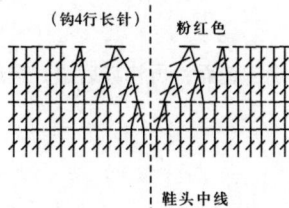

（钩4行长针）　　　粉红色

鞋头中线

鞋后跟的钩法：

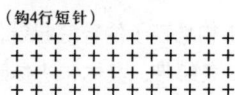

（钩4行短针）

【086】

【材　　料】蓝色线 80g　黑色线 20g　黑色纽扣 4 枚
【工　　具】1.5mm 钩针
【制作过程】
按照鞋子的结构从的鞋底起针，接着围绕鞋底 1 圈钩 2 行长针，再钩鞋面，最后钩鞋后跟，钉好纽扣，具体钩法参照下图。

结构图

L=11cm

鞋后跟的钩法：

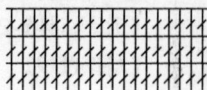

鞋面到鞋后跟钩3行长针，
鞋口钩1行黑色短针

鞋底的钩法：

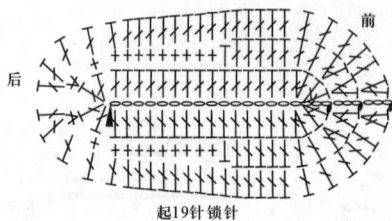

前

后

起19针锁针

鞋面的钩法：

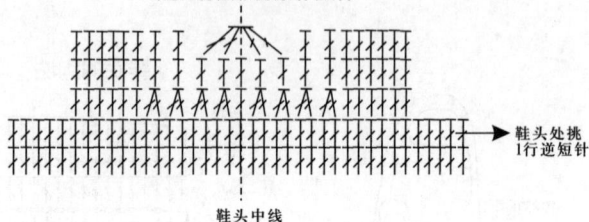

（先围绕鞋底1圈钩2行长针）

鞋头处挑
1行逆短针

鞋头中线

【087】

【材　　料】紫色线 100g　蓝色、黄色线各 10g

【工　　具】2.5mm 钩针

【制作过程】

按照鞋子的结构从鞋子的鞋底起针，接着围绕钩鞋面，再钩鞋后跟，最后在鞋后跟钩 2 条绑带，具体钩法参照下图。

结构图

L=11cm

鞋面的钩法：

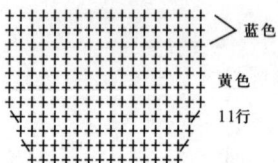

蓝色

黄色

11行

鞋底的钩法：

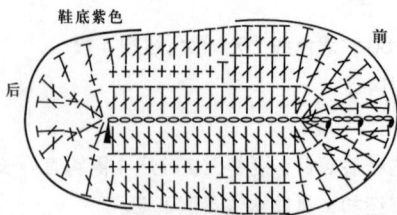

鞋底紫色

前

后

起19针锁针

鞋后跟的鞋环的钩法：

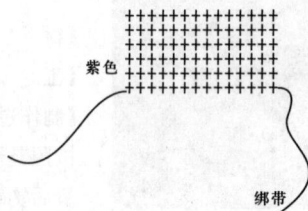

鞋底后跟中线为中心，
钩12针6行

紫色

绑带

142

【088】

【材　　料】红色线 100g 黄色、白色毛线各 10g

【工　　具】2.5mm 钩针

【制作过程】

按照鞋子的结构图从鞋底起针,接着钩鞋面连鞋后跟,在鞋面上钩2个花朵,花芯为黄色,花瓣为白色,具体做法参照下图。

结构图

L=11cm

鞋面花朵的钩法:

黄色　　　　12针短针　　　　白色
　　　　　　黄色

鞋底的钩法:

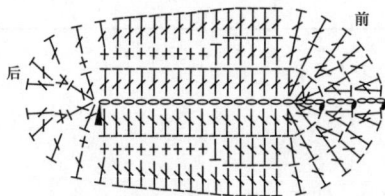

后　　　　　　　　　　前

起19针锁针

鞋面连鞋后跟的钩法:

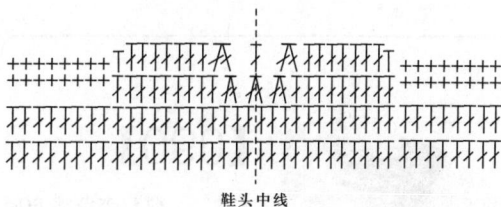

鞋头中线

【089】

【材　　料】红色线 150g 粉红色线 10g 纽扣 2 枚

【工　　具】2.5mm 钩针

【制作过程】

按照鞋子的结构从鞋子的鞋底起针,接着钩鞋面连鞋后跟,再钩鞋带。最后参照鞋面粉红色花朵的钩法钩个花朵装饰在鞋面上,钉好纽扣,具体做法参照下图。

结构图

鞋带

鞋面

L=11cm

鞋底的钩法:

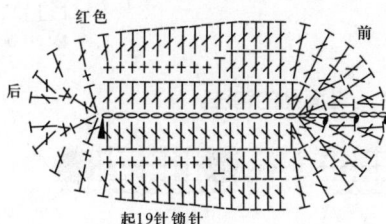

红色　　　　　　　前

后

起19针锁针

鞋面连鞋后跟的钩法：

红色

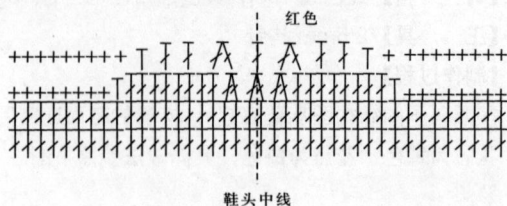

鞋头中线

鞋面粉红色花朵的钩法：

粉红色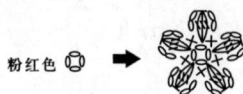

鞋带的钩法：

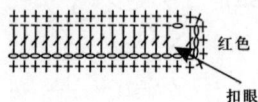

红色

扣眼

【090】

【材　　料】杏色线 80g 黑色毛线 20g 纽扣 2 枚
【工　　具】2.5mm 钩针
【制作过程】
按照鞋子的结构从鞋子的鞋底起针，接着围绕鞋底钩鞋面 3 行长针，在钩鞋面贴 2 片，左右各钉 1 枚纽扣与鞋侧面缝合，具体钩法参照下图。

结构图

L=11cm

鞋底的钩法：

鞋底黑色

后　　　　　　　　　　前

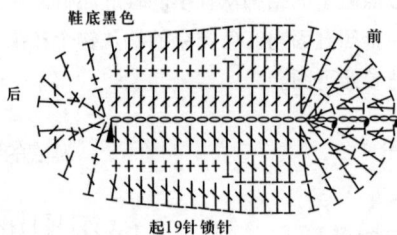

起19针锁针

鞋面的钩法：

杏色

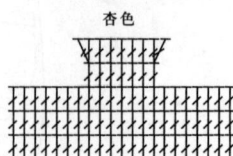

鞋面贴的钩法：

黑色

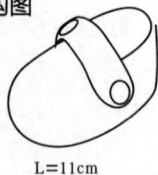

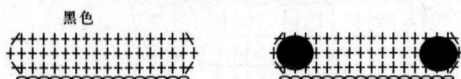

【091】

【成品尺寸】 帽围 38cm 帽高 17cm 围巾长 108cm 帽围 10cm

【工　　具】 8号棒针

【材　　料】 红色珠珠段染线 150g

【密　　度】 10cm²=18针 ×26行

钩针花朵

【制作过程】

1. 帽子

(1) 从帽沿织起，用机器边起针法，起68针环织。

(2) 先织2cm单罗纹，然后改织全下针。

(3) 织至28行时，开始减针，方法是：将所有针数分成8等份，每份每隔一行均匀减1针，共减8针，减4次，直到所有针数剩下36针，最后一行织完后，用线把所有针数抽紧，形成帽子。

(4) 用双线绕50圈，用线在中间扎紧，剪成球状，做成直径6cm的绒球，缝合到帽子的顶部。

(5) 用钩针钩织花朵，缝到帽子相应的位置。帽子编织完成。

2. 围巾

(1) 编织1个长方形的织片。

(2) 按编织方向，用机器边起针法，起18针，织全下针，织108cm收针断线，围巾编织完成。

全下针

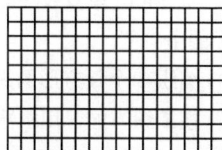

单罗纹

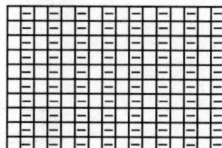

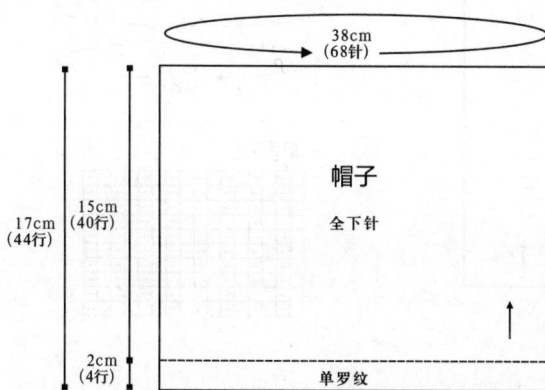

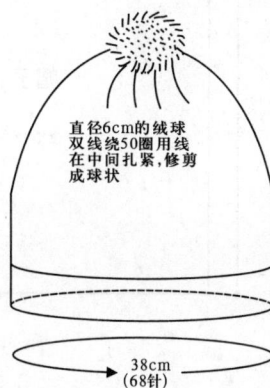

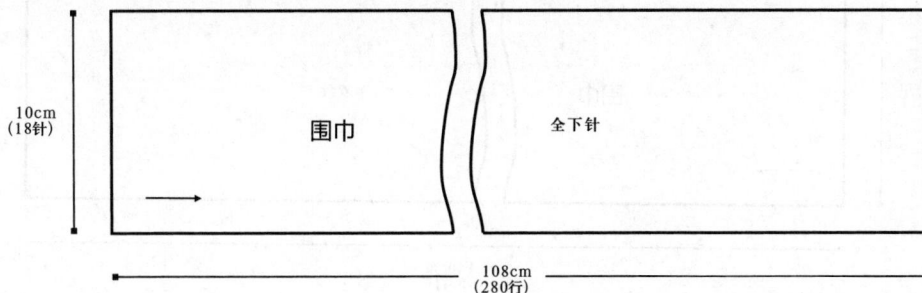

【092】

【成品尺寸】 帽转 30cm 帽高 24cm 围巾长 140cm 帽围 12cm

【工　　具】 8 号棒针

【材　　料】 深蓝色羊毛线 150g 白色、红色线各 20g

【密　　度】 10cm² = 18 针 × 26 行

【制作过程】

1. 帽子

(1) 从帽沿织起，用机器边起针法，起 54 针环织。

(2) 织 24cm 单罗纹并配色，最后一行织完后，用线把所有针数抽紧，形成帽子。帽子编织完成。

2. 围巾

(1) 编织 1 个长方形的织片。

(2) 按编织方向，用机器边起针法，起 22 针，织单罗纹并配色，织 140cm 收针断线，围巾编织完成。

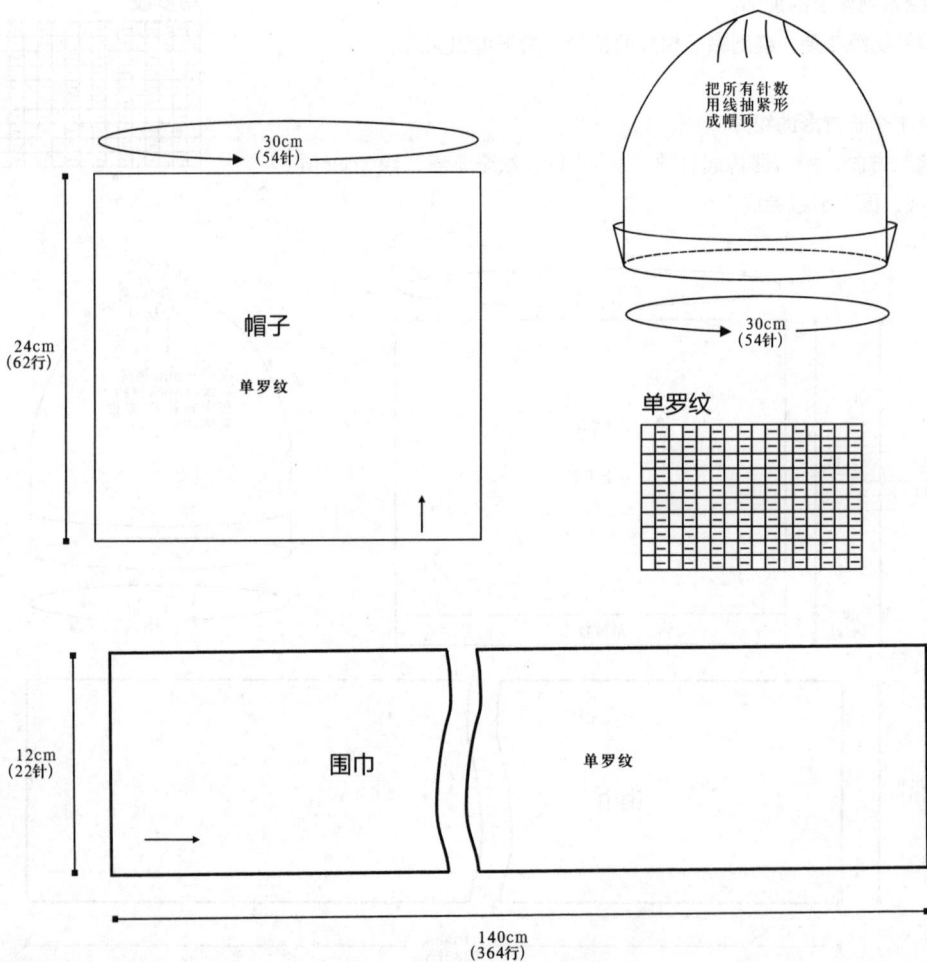

30cm
(54针)

帽子

单罗纹

24cm
(62行)

把所有针数
用线抽紧形
成帽顶

30cm
(54针)

单罗纹

围巾

单罗纹

12cm
(22针)

140cm
(364行)

【093】

【成品尺寸】 帽围 32cm 帽高 19cm 围巾长 145cm 帽围 19cm

【工 具】 8 号棒针

【材 料】 灰色羊毛线 150g 黄色、咖啡色各 20g

【密 度】 10cm²=20 针 ×28 行

【制作过程】

1. 帽子

(1) 从帽沿织起，用下针起针法，起 64 针环织花样 A。

(2) 织至 19cm 时，最后一行织完后，用线把所有针数抽紧，形成帽子。

(3) 用双线绕 70 圈，用线在中间扎紧，剪成球状，做成 3 个直径 6cm 的绒球，系到帽子相应的位置上。帽子编织完成。

2. 围巾

(1) 编织一个长方形的织片。

(2) 按编织方向，用下针起针法，起 38 针，织花样 B，织 145cm 收针断线。

(3) 以 2 根 30cm 长的毛线为一组流苏，对折结到围巾的两端。围巾编织完成。

花样 A

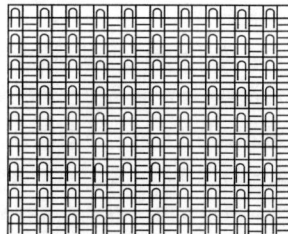

花样 B

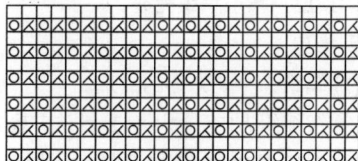

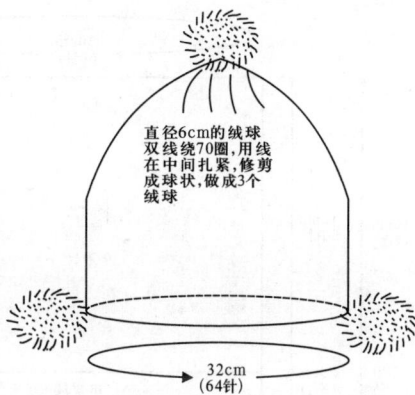

直径6cm的绒球
双线绕70圈，用线
在中间扎紧，修剪
成球状，做成3个
绒球

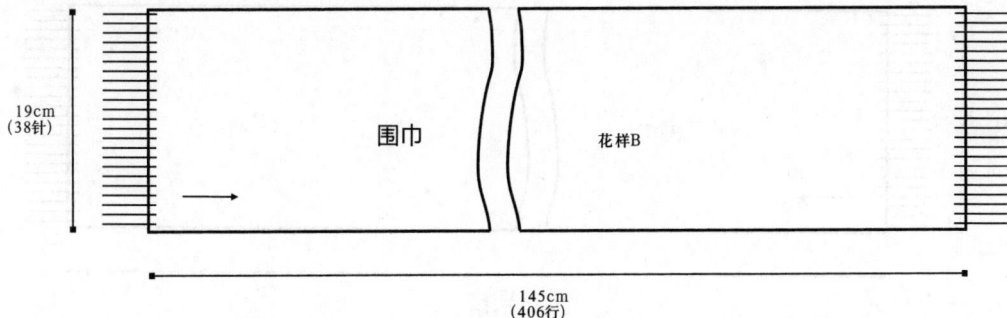

【094】

【成品尺寸】帽围 30cm 帽高 16cm 围巾长 135cm 帽围 11cm

【工　　具】8 号棒针

【材　　料】蓝色羊毛线 150g

【密　　度】10cm²=20 针 × 28 行

耳朵花样

花样

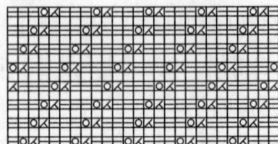

全下针

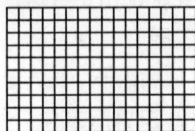

单罗纹

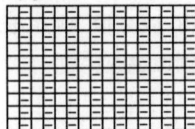

【制作过程】

1. 帽子

(1) 从帽沿织起，用机器边起针法，起 60 针环织。

(2) 先织 3cm 单罗纹，然后改织全下针。

(3) 织至 28 行时，开始减针，方法是：将所有针数分成 8 等份，每份每隔一行均匀减 1 针，共减 8 针，减 4 次，直到所有针数剩下 28 针，最后一行织完后，用线把所有针数抽紧，形成帽子。

(4) 帽子的两个耳朵另织，起 11 针，按叶子花样编织，分别缝合到帽子的顶部。帽子编织完成。

2. 围巾

(1) 编织 1 个长方形的织片。

(2) 按编织方向，用下针起针法，起 22 针，织花样，织 135cm 收针断线。

(3) 以 5 根 30cm 长的毛线为一组流苏，对折结到围巾的两端。围巾编织完成。

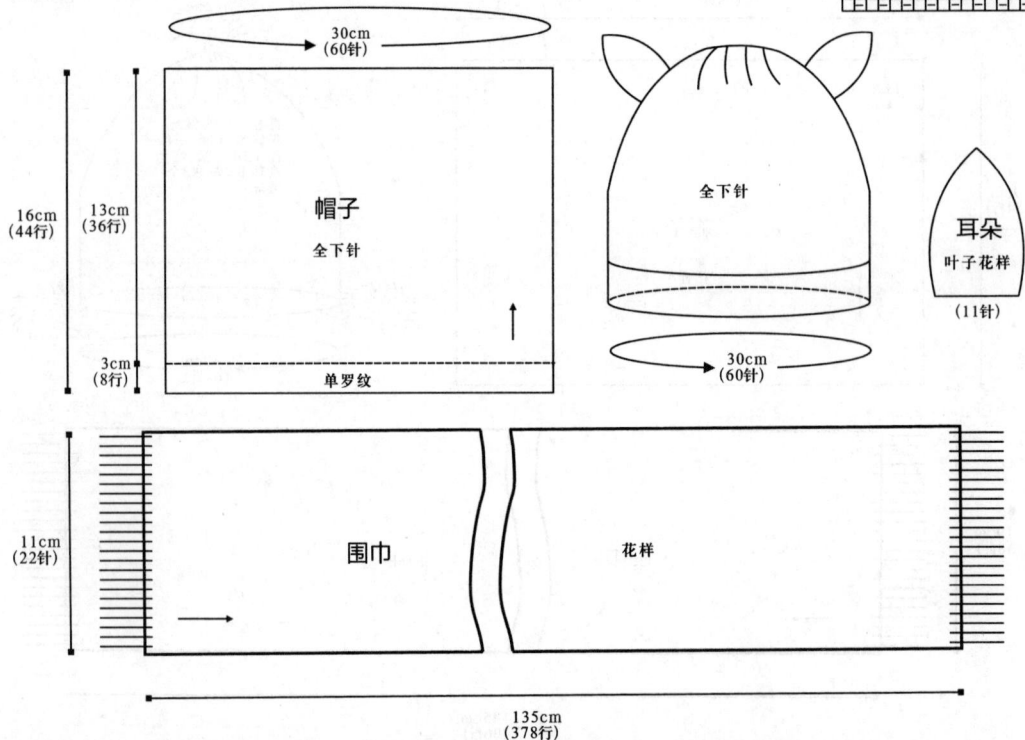

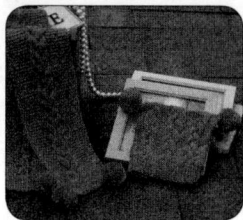

【095】

【成品尺寸】 帽围 30cm 帽高 20cm 围巾长 138cm 帽围 11cm

【工　　具】 8 号棒针

【材　　料】 玫红色羊毛线 150g

【密　　度】 10cm² =18 针 ×26 行

【制作过程】

1. 帽子

(1) 从帽沿织起，用机器边起针法，起 54 针环织。

(2) 先织 4cm 单罗纹，然后改织花样 A。

(3) 织至 16cm 时，顶部合并缝合，形成帽子。帽子编织完成。

2. 围巾：按编织方向，用下针起针法，起 20 针，织 138cm 花样 B，收针断线。围巾编织完成。

3. 绒球：用双线绕 50 圈，用线在中间扎紧，修剪成球状，做成 6 个直径 6cm 的绒球，分别缝合到帽子顶端和围巾的两端。

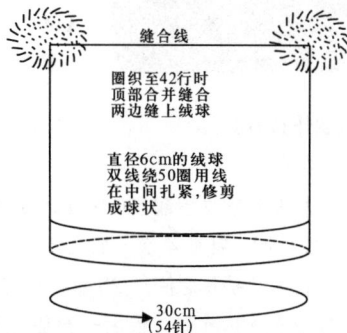

缝合线

圈织至42行时顶部合并缝合两边缝上绒球

直径6cm的绒球双线绕50圈用线在中间扎紧，修剪成球状

30cm
(54针)

单罗纹

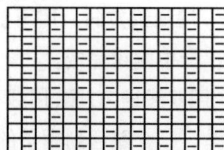

花样 A

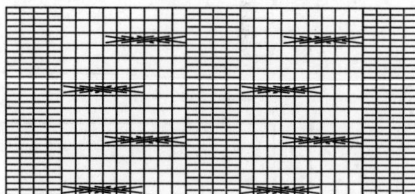

花样 B

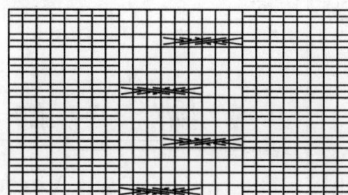

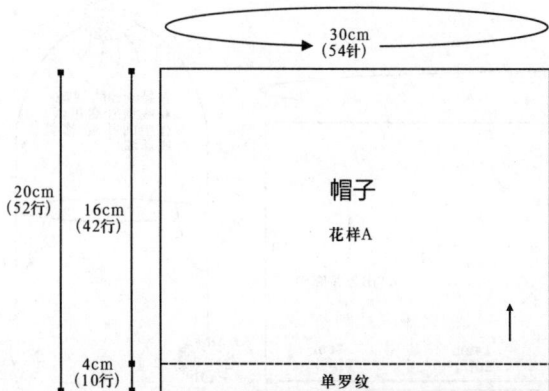

30cm
(54针)

20cm
(52行)

16cm
(42行)

帽子

花样A

4cm
(10行)

单罗纹

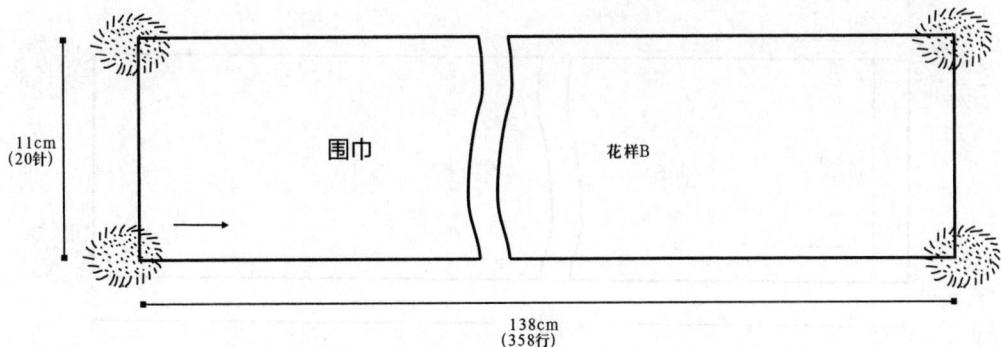

11cm
(20针)

围巾

花样B

138cm
(358行)

【096】

【成品尺寸】 帽围 44cm 帽高 18cm 围巾长 130cm 帽围 12cm

【工　　具】 8 号棒针

【材　　料】 红色羊毛线 150g 白色线 10g

【密　　度】 10cm² = 18 针 × 26 行

花样 A

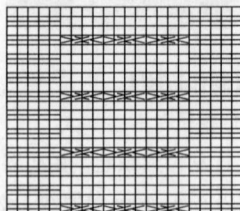

花样 B

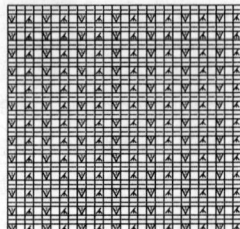

【制作过程】

1. 帽子

(1) 从左右护耳织起，左护耳起 6 针，织花样 A，两边分别加 4 针，方法是：每 6 行加 1 针加 4 次，加至 14 针，不用收针待用，同样方法织右护耳。

(2) 在两片护耳之间加 26 针，A 与 B 合并圈织。

(3) 织至 18cm 时，最后一行织完后，用线把所有针数抽紧，形成帽子。帽子编织完成

2. 围巾：按编织方向，用下针起针法，起 22 针，织花样 B，织 130cm 收针断线，围巾编织完成。

3. 装饰：用双线绕 70 圈，用线在中间扎紧，剪成球状，做成直径 6cm 的绒球，共做 7 个，一个缝合到帽子的顶部，织 2 条绳子缝上绒球，系在两边护耳，在围巾两端各缝上 2 个绒球。

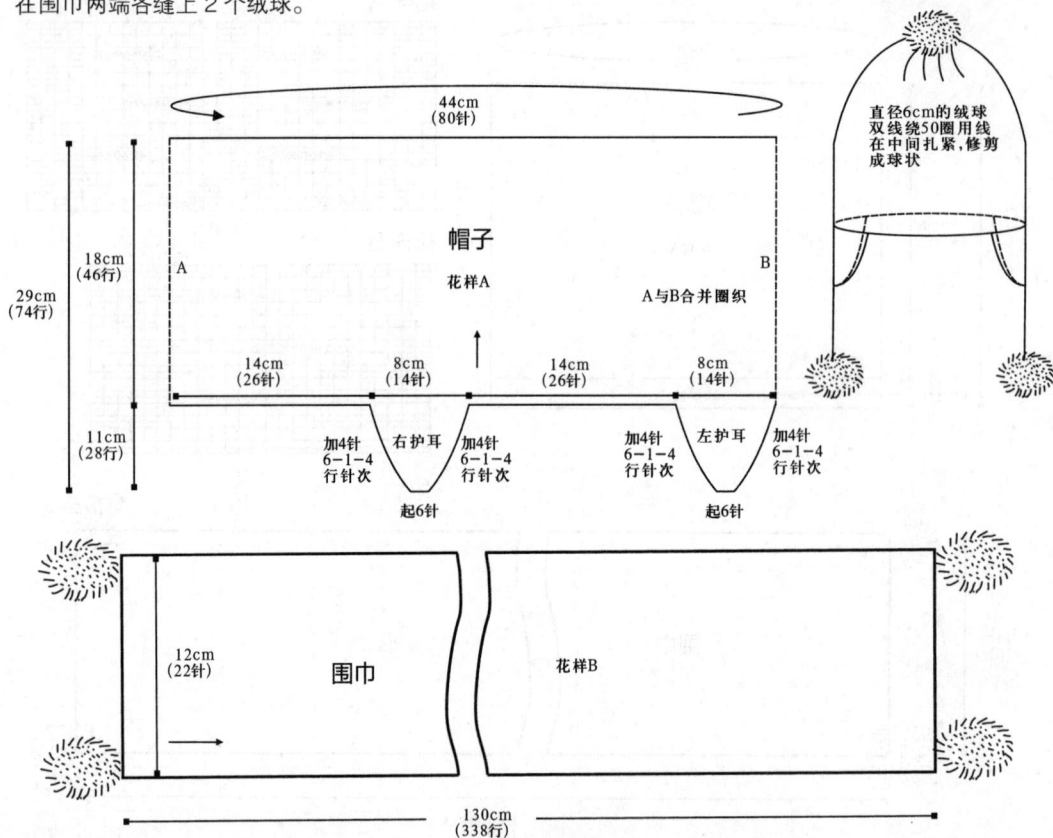

【097】

【成品尺寸】 帽围 32cm 帽高 20cm 围巾长 132cm 帽围 12cm

【工　　具】 8 号棒针

【材　　料】 深咖啡色羊毛线 150g 黄色线 10g

【密　　度】 10cm² = 18 针 × 26 行

【制作过程】

1. 帽子

(1) 从帽沿织起,用机器边起针法,起 58 针环织。

(2) 先织 4cm 单罗纹,然后改织全下针,并用黄色线配色。

(3) 织至 32 行时,开始减针,方法是:将所有针数分成 8 等份,每份每隔一行均匀减 1 针,共减 8 针,减 4 次,直到所有针数剩下 26 针,最后一行织完后,用线把所有针数抽紧,形成帽子。帽子编织完成。

2. 围巾:是编织一个长方形的织片。

(1) 按编织方向,用机器边起针法,起 22 针,织单罗纹,并用黄色线配色,织 132cm 收针断线。

(2) 围巾编织完成。

全下针

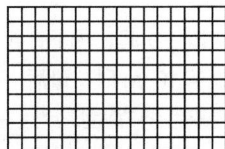

单罗纹

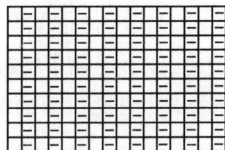

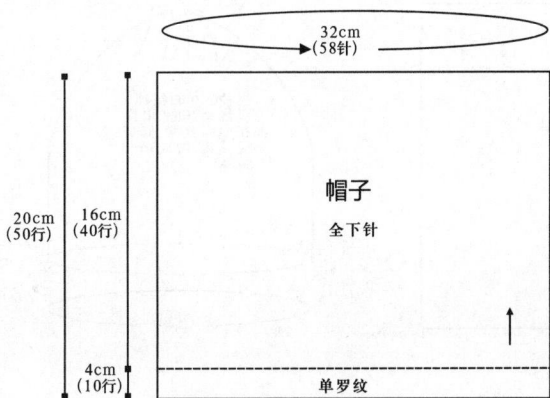

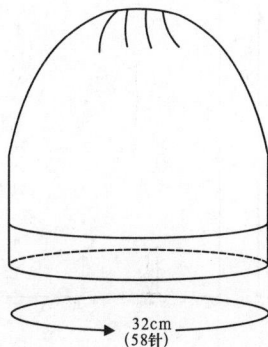

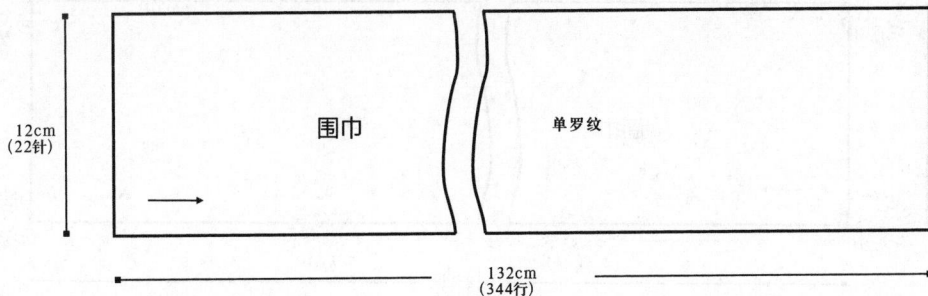

151

【098】

【成品尺寸】 帽围 46cm 帽高 16cm 围巾长 135cm 帽围 18cm

【工　　具】 8 号棒针

【材　　料】 黄色羊毛线 150g 白色线 10g

【密　　度】 10cm² = 20 针 × 28 行

【制作过程】

1. 帽子

(1) 从帽沿织起，用下针起针法，起 92 针环织双罗纹。

(2) 织至 16cm 时，最后一行织完后，用线把所有针数抽紧，形成帽子。

(3) 用双线绕 70 圈，用线在中间扎紧，剪成球状，做成 3 个直径 5cm 的绒球，系到帽子相应的位置上。帽子编织完成。

2. 围巾

(1) 编织 1 个长方形的织片。

(2) 按编织方向，用下针起针法，起 36 针，织花样，织 135cm 收针断线。

(3) 再做 8 个直径 5cm 的绒球，缝合到围巾相应的位置上，围巾编织完成。

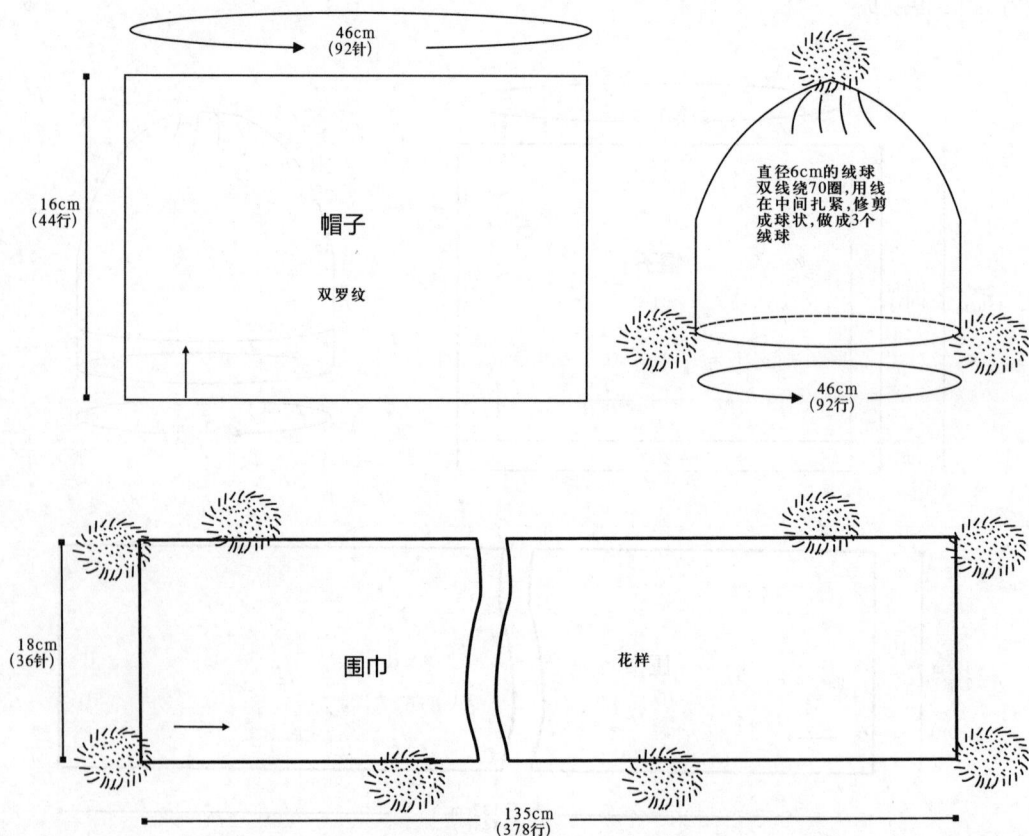

46cm
(92针)

16cm
(44行)

帽子

双罗纹

直径6cm的绒球
双线绕70圈，用线
在中间扎紧，修剪
成球状，做成3个
绒球

46cm
(92行)

18cm
(36针)

围巾

花样

135cm
(378行)

花样

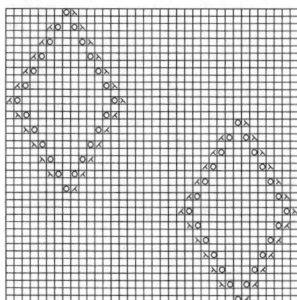

双罗纹

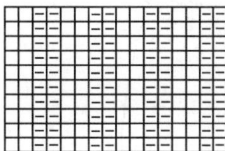

【099】

【成品尺寸】 帽围 30cm 帽高 33cm 围巾长 108cm 宽 22cm

【工　　具】 8 号棒针

【材　　料】 红色羊毛线 150g 白色线 20g

【密　　度】 $10cm^2$=20 针 × 28 行

【制作过程】

1. 帽子

(1) 从帽沿织起，用机器边起针法，起 60 针片织，并配色。

(2) 先织 3cm 单罗纹，然后改织全下针。

(3) 织至 13cm 时，开始分 2 片编织，每片 30 针，分别继续编织，两边同时减针，方法是：每 4 行减 1 针减 12 次，织至顶部各余 6 针。

(4) 织片两边对折缝合，两个锥形边也缝合，形成帽子。帽子编织完成。

2. 围巾

(1) 按编织方向，用下针起针法，起 6 针，织全下针，两边同时加 8 针，方法是：每 2 行加 1 针加 8 次，织至 10cm 时针数为 22 针，同样方法编织两片。

(2) 两个锥形合并编织并配色，织至 88cm 时，分两片编织，每片两边减针，方法是：每 2 行减 1 针减 8 次，织 28 行分别余 6 针。

(3) 把织片对折缝合，两边锥形也缝合，围巾编织完成。

3. 做 3 个直径 6cm 的绒球，用双线绕 70 圈，用线在中间扎紧，修剪成球状，缝合到围巾和帽子的相应位置上。编织完成。

单罗纹

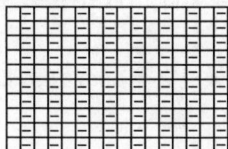

全下针

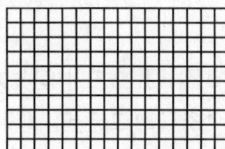

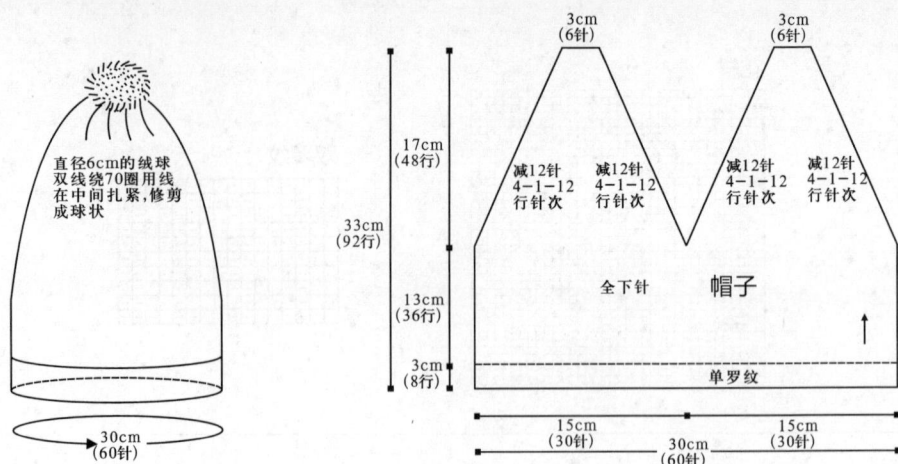

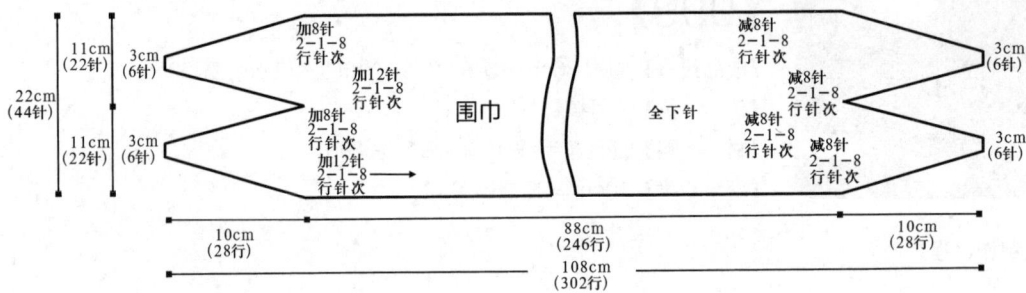

直径6cm的绒球
双线绕70圈用线
在中间扎紧,修剪
成球状

30cm
(60针)

3cm
(6针)

3cm
(6针)

17cm
(48行)

33cm
(92行)

13cm
(36行)

3cm
(8行)

减12针
4-1-12
行针次

减12针
4-1-12
行针次

减12针
4-1-12
行针次

减12针
4-1-12
行针次

全下针

帽子

单罗纹

15cm
(30针)

30cm
(60针)

15cm
(30针)

11cm
(22针)

3cm
(6针)

22cm
(44针)

11cm
(22针)

3cm
(6针)

加8针
2-1-8
行针次

加12针
2-1-8
行针次

加8针
2-1-8
行针次

加12针
2-1-8
行针次

围巾

全下针

减8针
2-1-8
行针次

减8针
2-1-8
行针次

减8针
2-1-8
行针次

减8针
2-1-8
行针次

3cm
(6针)

3cm
(6针)

10cm
(28行)

88cm
(246行)

10cm
(28行)

108cm
(302行)

【100】

【成品尺寸】 帽围 34cm 帽高 19cm 围巾长 136cm 宽 10cm

【工　　具】 8 号棒针

【材　　料】 白色羊毛线 150g

【密　　度】 10cm² = 20 针 × 28 行

【制作过程】

1. 帽子

(1) 从左右护耳织起,左护耳起 6 针,织花样,两边分别加 4 针,方法是:每 6 行加 1 针加 4 次,加至 14 针,不用收针待用,同样方法织右护耳。

(2) 在两片护耳之间加 20 针,A 与 B 合并圈织。

(3) 织至 19cm 时,最后一行织完后,用线把所有针数抽紧,形成帽子。帽子编织完成。

2. 围巾:按编织方向,用下针起针法,起 20 针,织花样,织 136cm 收针断线,围巾的两端用线索紧。围巾编织完成。

3. 装饰:用双线绕 70 圈,用线在中间扎紧,剪成球状,做成直径 6cm 的绒球,共做 5 个,一个缝合到帽子的顶部,2 个系在两边护耳,在围巾两端各缝上 1 个绒球。

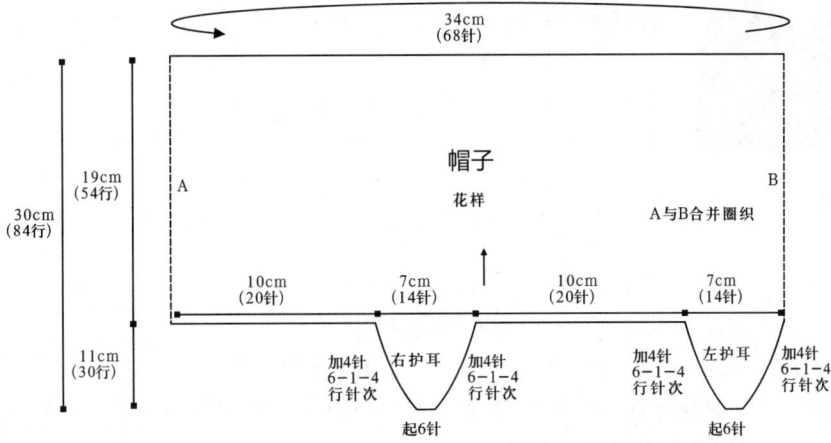

34cm
(68针)

30cm
(84行)

19cm
(54行)

A

帽子

花样

B

A与B合并圈织

10cm
(20针)

7cm
(14针)

10cm
(20针)

7cm
(14针)

11cm
(30行)

加4针
6-1-4
行针次

右护耳

加4针
6-1-4
行针次

加4针
6-1-4
行针次

左护耳

加4针
6-1-4
行针次

起6针

起6针

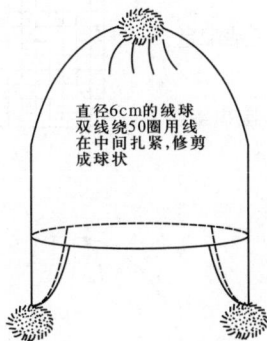

直径6cm的线球
双线绕50圈用线
在中间扎紧,修剪
成球状

花样

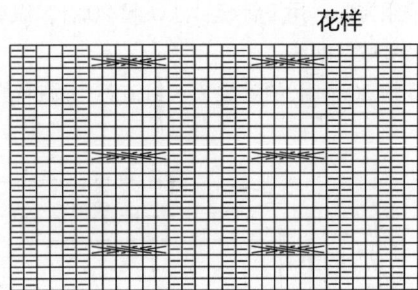

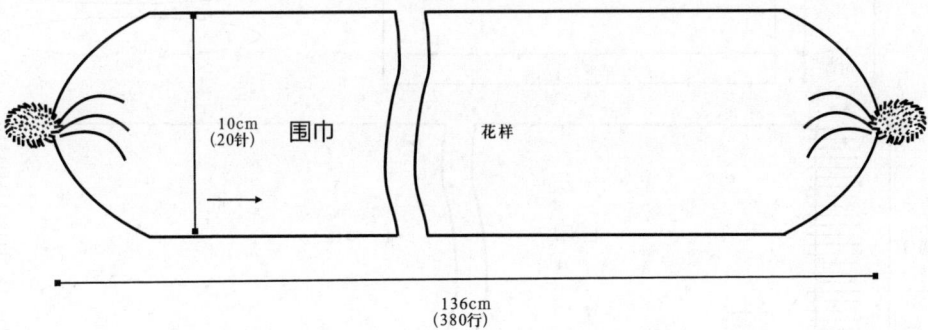

10cm
(20针)

围巾

花样

136cm
(380行)

【101】

【成品尺寸】 帽围 40cm　帽高 18cm　围巾长 138cm　宽 11cm

【工　　具】 8 号棒针

【材　　料】 红色羊毛线 150g　白色线 10g

【密　　度】 10cm² =18 针 ×26 行

【制作过程】

1. 帽子

(1) 从帽沿织起，用机器边起针法，起 54 针环织。

(2) 先织 2cm 单罗纹，然后改织全下针，并用白色线配色。

(3) 织至 32 行时，开始减针，方法是：将所有针数分成 8 等份，每份每隔一行均匀减 1 针，共减 8 针，减 4 次，直到所有针数剩下 22 针，最后一行织完后，用线把所有针数抽紧，形成帽子。

(4) 用钩针钩织两朵花，缝到帽子两边，做两条绳子，系到钩花的下端帽子编织完成。

2. 围巾：是编织一个长方形的织片。

(1) 按编织方向，用下针起针法，起 20 针，织单罗纹，并用白色线配色，织 138cm 收针断线。

(2) 以 5 根 30cm 长的毛线为一组流苏，对折结到围巾的两端。围巾编织完成。

全下针

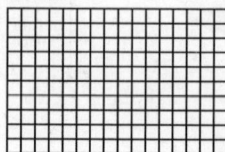

单罗纹

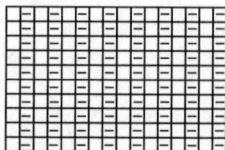

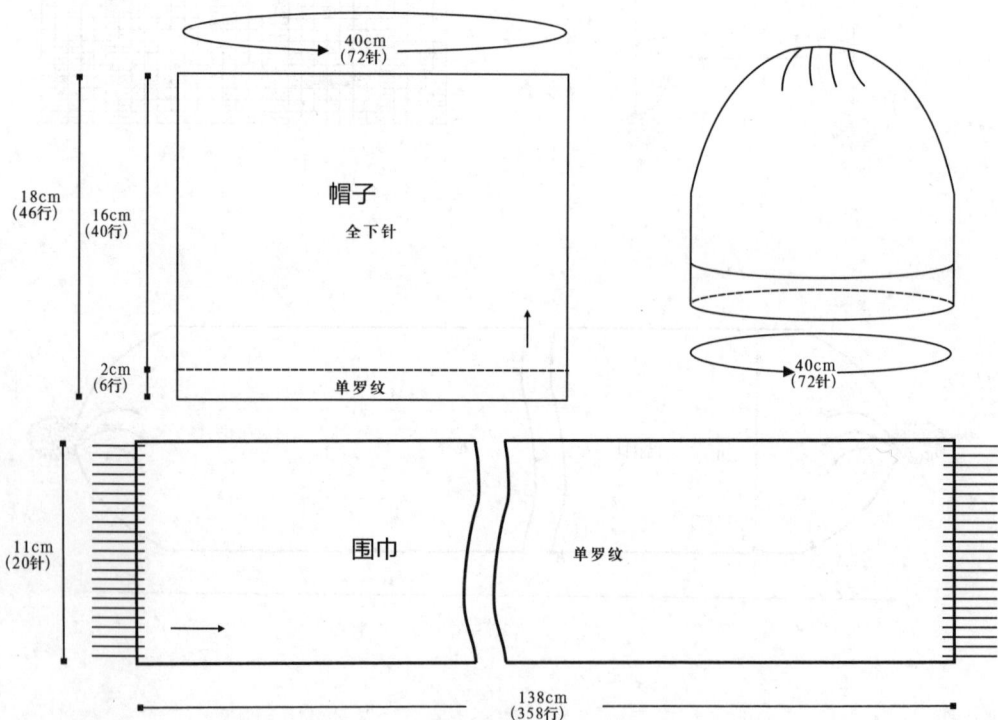

【102】

【成品尺寸】 帽围 32cm 帽高 22cm 鞋子长 13cm 高 6cm
【工　　具】 6 号棒针 1.25mm 钩针
【材　　料】 粉红色棉线 150g 绿色棉线 5g
【密　　度】 棒针：10cm² = 30 针 × 42 行 钩针：10cm² = 30 针 × 7.7 行

【制作过程】

1. 帽子：从帽顶起钩，钩长针，第 1 层钩 12 针，第 2 层每 1 针钩出 2 针，共 24 针，第 3 层每间隔 1 针加钩 1 针，共 36 针，第 4 层每间隔 2 针加钩 1 针，共 48 针，如此重复钩织，第 9 层起开始钩织帽围，帽围绕钩长针，不加减针，共钩 6 圈，第 15 层起钩织帽边，共钩 3 层后收针断线。

2. 饰花：钩织一朵饰花和叶子，缝合于帽侧。

3. 鞋子：棒针编织。鞋底起 10 针，往返编织搓板针，两侧按每 2 行加 1 针加 4 次的方法加针，加针后平织 16 行，然后按每 2 行减 1 针减 1 次的方法减针，减针后平织 24 行，然后按每 2 行减 1 针减 2 次的方法减针，共织 13cm 的长度，织片余下 12 针，收针。沿鞋底周围挑起 76 针，织搓板针，织 10 行后，鞋头 10 针继续编织花样，一边织一边与两侧鞋侧合并，织 20 行后，挑起其余针数一起共 56 针织双罗纹，织 6cm 长后，收针。沿鞋口钩织一圈花边。

4. 系带：钩织 3 条系带，分别穿入帽沿和鞋帮，图解见系带花样。

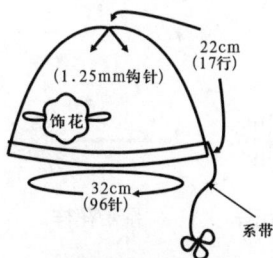

帽子结构图

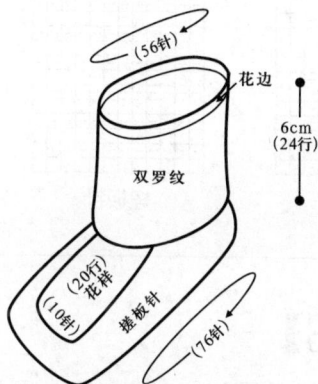

鞋子结构图

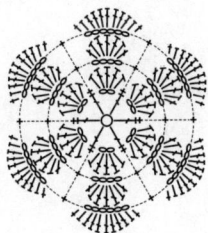

饰花

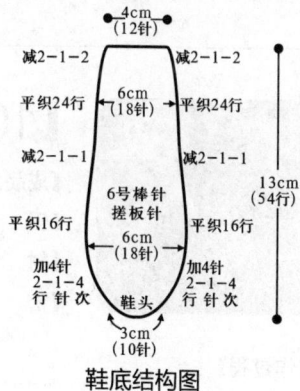

鞋底结构图

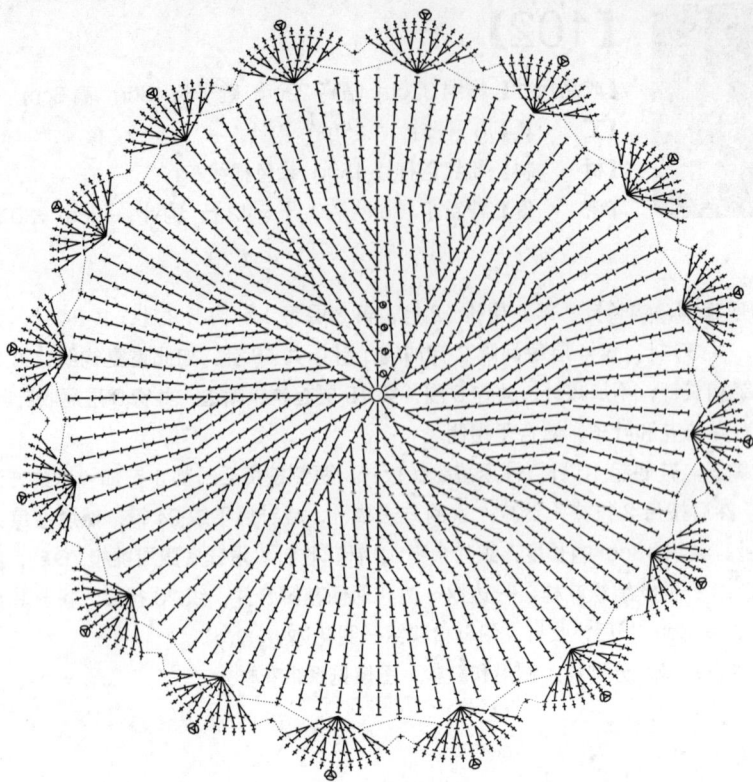

帽子花样

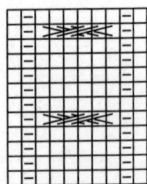

鞋面花样

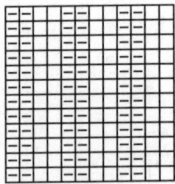

双罗纹

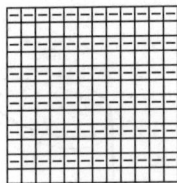

搓板针

叶子花样

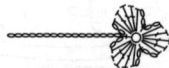

系带花样

【103】

【成品尺寸】帽围 27cm 帽高 17cm 围巾长 132cm 帽围 14cm

【工　　具】8 号棒针

【材　　料】橙红色羊毛线 150g

【密　　度】10cm² = 20 针 ×28 行

【制作过程】

1. 帽子：(1) 从帽沿织起，用机器边起针法，起 54 针环织。

(2) 先织 3cm 单罗纹，然后改织花样 A。

158

(3) 织至 32 行时，开始减针，方法是：将所有针数分成 8 等份，每份每隔一行均匀减 1 针，共减 8 针，减 4 次，直到所有针数剩下 22 针，最后一行织完后，用线把所有针数抽紧，形成帽子。

(4) 帽子缝纽扣的衬边另织，起 40 针，织 3cm 花样 C，缝到帽子相应的位置，并缝上纽扣，帽子编织完成。

2. 围巾：是编织一个长方形的织片。

(1) 按编织方向，用下针起针法，起 28 针，织花样 B，织 132cm 收针断线。

(2) 以 5 根 30cm 长的毛线为一组流苏，对折结到围巾的两端。围巾编织完成。

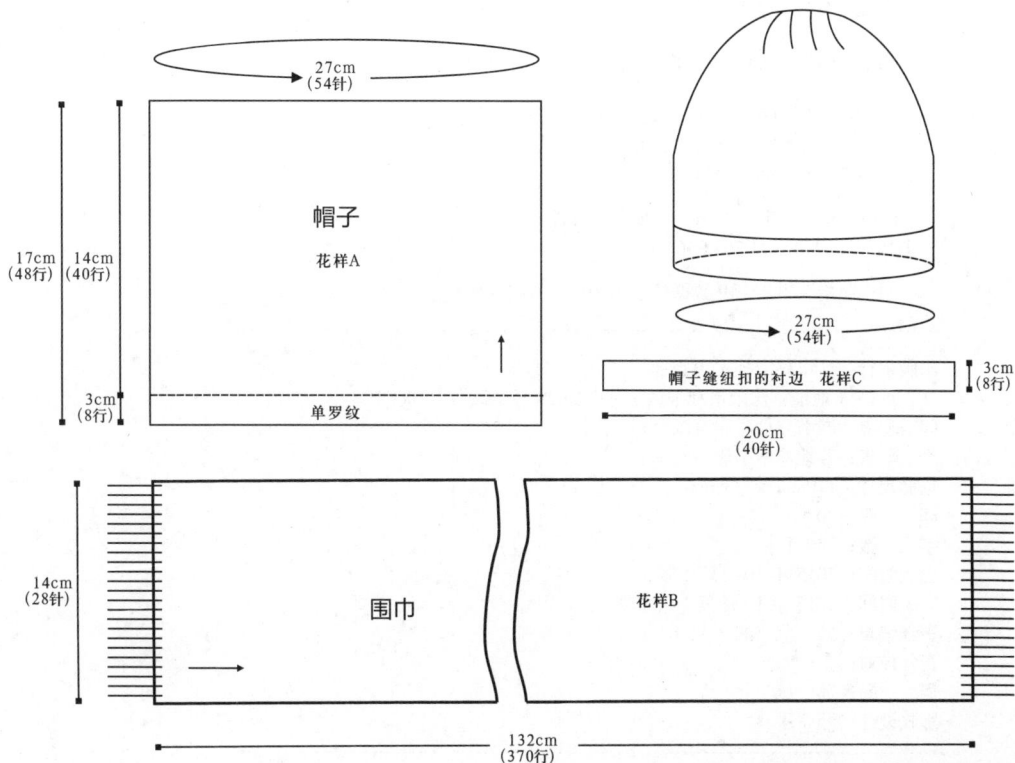

花样 C

花样 A

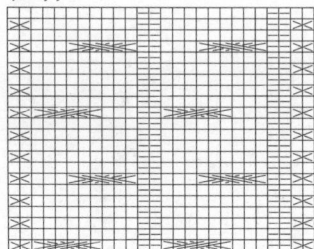

花样 B

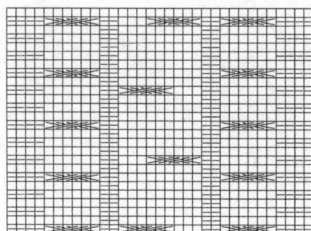

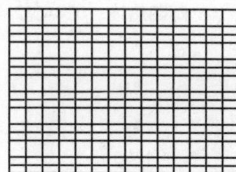

单罗纹

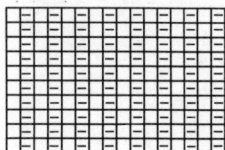

本书编委会

主　编　李玉栋

编　委　宋敏姣　李　想

图书在版编目（CIP）数据

宝宝帽子围巾手套鞋子套装全集 / 李玉栋主编. --
沈阳：辽宁科学技术出版社，2015.10
　　ISBN 978-7-5381-9421-0

　　Ⅰ．①宝…　Ⅱ．①李…　Ⅲ．①儿童—服饰—手工编织
—图集　Ⅳ．① TS941.763.8-64

　　中国版本图书馆 CIP 数据核字（2015）第 208508 号

出版发行：辽宁科学技术出版社
　　　　　（地址：沈阳市和平区十一纬路 29 号　邮编：110003）
印 刷 者：湖南立信彩印有限公司
经 销 者：各地新华书店
幅面尺寸：170mm × 237mm
印　　张：10
字　　数：256 千字
出版时间：2015 年 10 月第 1 版
印刷时间：2015 年 10 月第 1 次印刷
责任编辑：郭　莹　湘　岳
责任校对：合　力
摄　　影：孙　斌
版式设计：湘　岳

书　　号：ISBN 978-7-5381-9421-0
定　　价：39.80 元
联系电话：024-23284376
邮购热线：024-23284502